U0196079

昆虫记 4

昆虫与它的近亲

[法] 法布尔 著

少年儿童出版社

图书在版编目（CIP）数据

昆虫与它的近亲 /（法）法布尔著；朱幼文改写；兔子洞插画工作室颜佳敏绘. —上海：少年儿童出版社，2019.5
（昆虫记 4）
ISBN 978-7-5589-0283-3

Ⅰ.①昆… Ⅱ.①法…②朱…③兔… Ⅲ.①昆虫—少儿读物
Ⅳ.①Q96-49

中国版本图书馆CIP数据核字（2017）第312118号

昆虫记 4
昆虫与它的近亲

［法］法布尔 著 朱幼文 改写 兔子洞插画工作室颜佳敏 绘

全书由兔子洞插画工作室和风格八号品牌设计有限公司设计
插画整理 贺幼曦 颜佳敏 许千珺 吴小奕
装帧设计 花景勇 王骏茵 吴颖辉 吴 帆
排版设计 李文婷 许晓海 颜学敏 吴新霞

责任编辑 张晖月 知识审读 金杏宝
责任校对 陶立新 技术编辑 许 辉

出版发行 少年儿童出版社
地址 200052 上海延安西路1538号
易文网 www.ewen.co 少儿网 www.jcph.com
电子邮件 postmaster@jcph.com

印刷 上海锦佳印刷有限公司
开本 787×1092 1/16 印张 9 字数 88千字
2019年5月第1版第1次印刷
ISBN 978-7-5589-0283-3/I·4239
定价 35.00元

版权所有 侵权必究
如发生质量问题，读者可向工厂调换

身边的野趣，生命的奇迹

昆虫，不起眼的六足动物，大人孩子或不甚了解，却也并不陌生。

为植物传花授粉的蜜蜂，吐丝结茧的蚕蛾，多姿多彩的蝴蝶，给我们留下了甜蜜温暖的美好形象。带刺的毛虫，乱舞的苍蝇，是人们设法躲避的讨厌家伙。贪婪的飞蝗，传病的蚊子，则是人们竭力想要消灭的可恶对象。然而，不少人对昆虫的记忆多半是讨厌与害怕的，对昆虫往往采取蔑视、忽视的态度。

事实是，即便将世界上所有可恶的害虫加在一起，也不会超过一万种，这对于种数超过百万、甚至千万的昆虫来说，只是不到1%的一小部分而已，而99%的昆虫对人类不仅无害，而且有益。它们或许不讨所有人的喜欢，却是适者生存的成功典范。虽然貌不惊人，却因虫多势众，在维持我们赖以生存的生态系统的运转中发挥了不可替代的作用。它们是不容忽视的生命。

昆虫种类多，数量大，食性杂——荤素生熟、酸甜苦辣，几乎没有昆虫不吃的东西。除了大海，它们可以存活在任何极端恶劣的环境之中，可谓是无处不在。昆虫世代短，繁殖快，体态多变，可以抵御各种不利的气候，白昼黑夜，春夏秋冬，昆虫几乎无时不在。昆虫如此弱小，要在环境险恶、强敌林立的自然中生存实属不易，因此，能生存至今的昆虫，都有一套独特的生存策略与技能，在获取食物、筑巢卫家、资源利用、繁衍后代、防御天敌等方面，都展现出了令人叫绝的才能。无论是遗传的本能，还是后天获得的技能，都是可歌可泣的生命奇迹，是值得我们去探索、去了解的自然遗产，也是可供我们欣赏的自然野趣。

在物质生活日渐丰富、自然环境日渐恶化的今天，人们最为关注的莫过于如何为我们下一代的健康成长提供良好的生存环境。孩子的想象力和创造力得到合理的开发，社会的可持续发展才得以保障。无论生活在城市还是乡村的孩子，他们对工业产品的依赖，对电子产品的热衷，对自然的冷漠，对生命的不敬，已经产生了许多负面影响，如何有效治愈"自然缺失症"已成了当代教育面临的重要课题。这不仅是学校和博物馆等场所的责任，更是家长和每个家庭的义务。通过寻觅和发现城市中残存或复苏的自然，利用和享受身边的野趣，可以弥补现代孩子，乃至年轻家长与自然脱节的遗憾。

法国昆虫学家法布尔耗尽毕生精力撰写的十卷本《昆虫记》正是引领我们走进自然、欣赏野性之美的昆虫史诗。不胜枚举的昆虫生存之道与技能，经过作者独特的哲学思考与诗意表达，将科学观察与人生感悟

融为一体，使渺小的昆虫散发出生命的智慧与人性的光芒。

　　经少年儿童出版社精选、改编的四卷本《昆虫记》，是为小学生加入了"自然"这道久违的配料，赋予城市中的孩子和家长全新的"心灵味觉"体验，成为他们不可或缺的"特别营养餐"。选本基本保持了原著特有的写作风格，生动活泼，又不失情趣与诗意。同时，考虑到特定的读者群体，编者按一定的主题，对所选篇章作了大致的归类。从中，你将发现人类的一些废弃地，却是野趣横生的蜂类家族的伊甸园，大自然的清洁工——食粪虫，只是妙不可言的甲虫王国的一小部分，你将发现在我们的周围，昆虫邻居无处不在，膜翅类昆虫出奇的高智商实在令人惊叹，你还将了解到昆虫的近亲蜘蛛、蝎子类的生存技能与特有习性……

　　值得点赞的是，编者独具匠心，按四季的顺序，在每卷的"我们身边的昆虫世界"栏目中，列举了中国城乡常见的昆虫，为家长和孩子们提供了具有可操作性的观察与欣赏案例。

　　愿春天里会飞的"花朵"，为我们的日子增添色彩，愿夏日里的"萤火"驱散城市的雾霾，愿秋天的旋律给孩子们带来自然的滋养，愿再寒冷的冬天里也能发现蛰伏的生命，也能获取向上的力量。

昆虫学者：全书宝

目 录

有趣的昆虫食性

  在人类社会，吃东西早就不光是为填饱肚子了。它是人们欢聚交流的重要途径，是展现美好生活的生动方式，甚至形成了丰富多彩的饮食文化。不过，昆虫们没那么多讲究，它们只专注于"吃"本身，做好这件事对它们来说就足够了——吃饱就能生存，就能完成繁衍后代的神圣使命。

  观察我们周围的人，你会发现，不同的人对食物的选择也如此不同。有的人什么都吃，有的人对大鱼大肉格外偏爱，而有的人则只愿吃素。在昆虫世界里，昆虫们对食物的态度也多种多样，十分有趣呢！大致来说，昆虫也分肉食和素食两种。肉食者似乎不太挑剔，只要是肉，它们都能欣然接受，比如金步甲觉得螳螂、鳃金龟、蚯蚓等味道都不错，节腹泥蜂为孩子捕食时才不管是哪种象虫和吉丁。而素食者就有些挑三拣四，如果举办一场盛大的素食昆虫宴会，那么你就会发现，有些素

食者的食谱还算丰富，它们能够接受多种植物，而有些却只接受同类植物中的某几种，最挑剔的那些，食谱上居然只有一种植物的名字！

之所以素食者的情况会比较复杂，是因为植物和肉类有一些区别。肉类的口感一般差别不大，但植物就不同了，它们种类繁多不说，在淀粉、水分、气味等方面也千差万别，其中一些还有毒呢。对于素食昆虫来说，每尝试一种新的植物，就可能是一场冒险。所以对它们来说，还是谨守"传统"更安全些。

不过，我很想知道昆虫对食物的不同偏爱，究竟能强烈到什么程度呢？有没有可能稍作改变？为此，我亲自进行了一些有趣的实验——

众所周知，在天牛家族中，山羊楔天牛唯一的食物就是黑杨，色斑楔天牛只喜欢榆树，天使鱼楔天牛始终钟情于死樱桃树，而神天牛基本都把孩子安置在橡树上。因为神天牛对生活要求不高，而且很容易获得，我决定选择它来进行第一场有意义的实验。

在自然环境中，神天牛通过尖尖的产卵管，把卵安置在橡树的树皮缝中，然后用少许树胶固定住。实验中，我找来许多段不同的木头：橡木、榆木、椴木、刺槐、樱桃木、柳木、接骨木、丁香木、无花果木、桂木等等。我用刀在这些木段的树皮上分别划一个口子，然后小心地把神天牛的卵放进去——太好了，看起来我的"搬家行动"很成功！

没几天时间，幼虫孵化出来了，每段木头上都有一个。别看这些小家伙很柔弱，但它们已经有了一对有力的大颚。幼虫用这对大颚对着木头拼命"砍伐"，很快挖出一个洞，扭动身体钻进去，消失在一小堆木头碎屑中。难道这些幼虫天生具有兼容并包的胃，不但能沿袭传统食用橡木，对苦涩的无花果木、香浓的桂木都能接受？

我细细想了想，排除了这个结论——神天牛幼虫也许在这个阶段根本就没有进食，它们只是单纯在挖洞而已。我把幼虫切下的碎屑搁在放大镜下仔细观察，果然，这些木屑压根儿就没有经过消化道的作用，它们被切割下来以后，并没有被幼虫吃进去过。

当幼虫挖好洞、躲进去以后，这才准备安心进食。但是，除了橡木段旁的碎屑不断增加，证明幼虫在"就餐"以外，其他木段的碎屑毫无增加，一定是幼虫面对这些不合胃口的东西，采取了绝食行动。

这个实验还有个小小的尾声，那就是半年以后，当我切开其他木段时，发现幼虫虽然已经绝食了6个月，竟然还活着！我用手一碰，它们就会轻轻地蠕动，相信如果我给它们提供些

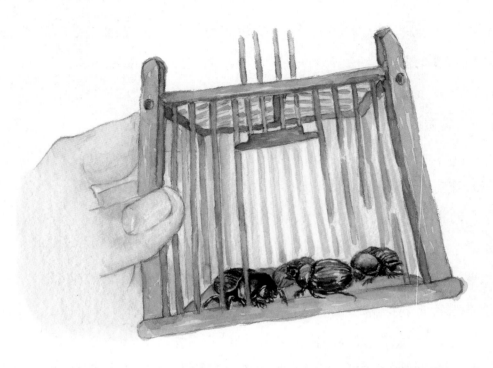

可口的食物，它们一定能继续存活并长大呢。如此顽强的生命力，实在让我大为惊叹。

接着，我再来说说另一种昆虫：大戟天蛾。听名字就知道，只要是大戟类植物，大戟天蛾统统来者不拒，它们丝毫不介意大戟白色汁液的辛辣，吃得津津有味。但是，如果给它们其他植物，比如没什么味道的莴苣，或者有味道的薄荷，哪怕是同样有辛辣味道的植物，它们都会感到厌恶，扭头离开。

昆虫世界永远那么丰富多彩。我对昆虫进食习惯的实验还没有结束。深秋时节，我在笼子里养了两对粪金龟。到了春天，我去查看它们的生活情况。不出所料，笼子里有许多粪金龟制作的粪香肠，每根粪香肠下面都有一个秋末产的卵。看样子，这些卵很快就要孵化了。我决定给这些金龟宝宝改改口味，让它们尝尝我"发明"的一道新菜肴。我将榛子树叶、榆树叶、樱桃树叶、栗子树叶等泡软，制作成"树叶香肠"，盖在卵上面。

6月，粪金龟幼虫出生了。我悄悄观察它们如何吃第一口食物。我以为它们一开始肯定非常犹豫，要知道它们面对的是完全不同的食物。事实恰恰相反，这些小家伙不但立刻接受了"树叶香肠"，而且还吃得十分有滋味。

之后，我又进行了相反的实验——给喜欢吃树叶的花金龟幼虫一些干骡粪，看它们是否接受。结果它们也没有流露出讨厌的模样，而是若无其事地进食，并渐渐长大了。

看了上面的介绍和实验，是不是觉得昆虫虽小，却很有趣？告诉你吧，昆虫对食物的奇特偏爱还有更让人惊讶的呢！比如有一种昆虫，总是呆在剧毒植物马钱子的植株上。要知道马钱子的毒性非常厉害，政府部门常把它抹在香肠上用来毒杀野狗和狼。这种虫子能以马钱子为食，它们的胃该有多特别啊！

卵蜂虻幼虫的特殊进食法

　　我年轻时，曾经在研究中与卵蜂虻结过一段缘，可惜后来由于生活上遇到困难，不得不放弃了。30年后，机会再次来临，于是我利用闲暇时间，重新开始对这种有趣的昆虫，展开了仔细的观察和研究。

　　卵蜂虻幼虫是石蜂幼虫的杀手。7月时，我敲下一个高墙石蜂的蜂巢，发现在一些蜂房里，有两种不同幼虫的茧，一只肥肥胖胖，长得很好；另一只却干巴巴的，几乎没什么生命迹象了。那只肥胖健康的就是卵蜂虻幼虫，而干瘪的就是石蜂幼虫。我知道，每到 6 月间，石蜂幼虫进食完毕，就织好茧，静静地睡在丝床上，等待变形。就在这时，各路杀手纷纷出动，卵蜂虻幼虫是其中一种。

　　说到卵蜂虻幼虫，它刚从卵里出来时，非常细小，只有约 1 毫米长，头发丝粗细。它想方设法找到石蜂蜂房的缝隙，钻了进去，然后在里面慢慢长大。这个阶段它不需要进食。几星期过去，卵蜂虻幼虫长大了，但身体却变得异常笨拙，连走路的器官都没有，即使你去惊吓它，它也只会扭来扭去，抽搐几下身体，半寸也移动不了。

别看卵蜂虻幼虫行动不便，但它奇特的进食方法却让我诧异。我看到过很多昆虫的进食方法，比如土蜂幼虫，它只盯住一个进食点不断深入，想让它把头从食物里收回来，都要费好大的事！

可是卵蜂虻幼虫不一样，它进食时似乎不需要弄破猎物的身体，也不死咬住什么地方不放，我只要用笔轻轻碰它一下，它立刻会警觉地离开进食点。过一会儿，当它感觉周围没什么危险时，就再次把头凑到猎物身上，继续进食。

我拿放大镜仔细看被卵蜂虻幼虫"吃"过的石蜂幼虫，没找到任何伤口，可是卵蜂虻幼虫明明想吃东西就凑到猎物身体上，吃饱了就退回来，而且想在哪儿下口就在哪儿下口，怎么猎物表面却毫无损伤呢？我想，卵蜂虻幼虫肯定有一张特殊的嘴巴，否则不可能做到这一点。

我用高倍放大镜观察卵蜂虻幼虫的头部，终于在头部中间，看到了一个红褐色的小点。但是这个小点有什么不同寻常的地方呢？高倍放大镜也没法帮我，我拿来了显微镜。在显微镜下，我终于看清了。那是个红褐色的小嘴——嘴巴里没有弄破食物的口器，只有一根食管，而整个嘴的形状就像一个火山口，或者说像一个吸盘。当卵蜂虻幼虫想进食时，就把这个吸盘紧紧附着在猎物身上。

　　为了更清楚地看到卵蜂虻幼虫用"吸盘"进食的过程，我把它和石蜂幼虫一起搬进了专门准备好的玻璃管里。只见卵蜂虻幼虫在肥肥胖胖的石蜂幼虫身上随便选了一个点，把吸盘凑了上去，而一旦被打扰，吸盘就离开猎物。如此过了三四天，我清楚地发现，石蜂幼虫原本光滑饱满的表皮开始起皱、干枯，鲜嫩的感觉不见了，但是它这时还是活的。7天过去了，起皱现象更加明显，石蜂幼虫的身体变得软绵绵的，就像一个袋子原本装满了东西，鼓鼓的，现在却几乎被掏空了，瘫软下来。差不多半个月后，石蜂幼虫被彻底吸干了，变成了一个针头大小的白色小颗粒，或者说是一条小小的干巴巴的肉干。

　　我把这个皱缩干巴的石蜂幼虫的表皮放在水里，用非常细的玻璃管给它吹气。表皮渐渐充满了气，膨胀起来，恢复成了原来幼虫饱满的形状。由此我推想：石蜂幼虫身体里的物质，是通过渗透的方式，被卵蜂虻幼虫的吸盘吸走了，又或许是大

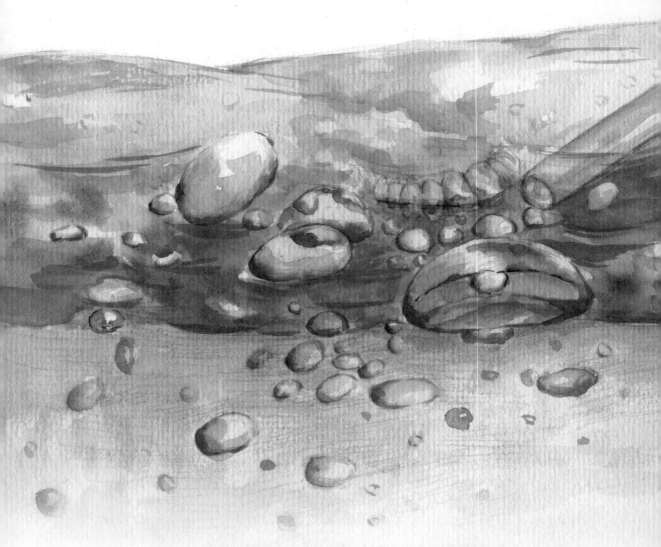

气压力，将石蜂幼虫体内的物质压入了卵蜂虻幼虫火山口一样的嘴里。弄清了卵蜂虻幼虫进食的方式，我产生了第二个问题：石蜂幼虫在卵蜂虻幼虫进食时，并没有被麻醉。庞大的石蜂幼虫，在生死攸关的时刻，为什么毫不反抗，任由弱小的卵蜂虻幼虫下手呢？

原因是这样的：卵蜂虻幼虫很会选时间！如果它在石蜂幼虫进食期间出现，肯定别想讨到便宜，石蜂幼虫只要摆一下尾

巴，大颚胡乱剪几下，卵蜂虻幼虫就有生命危险。卵蜂虻幼虫选的入侵时间，正好是石蜂幼虫织好了茧，躲在丝帐上，处在从幼虫变成成虫前的昏睡时期。这时候无论卵蜂虻幼虫做什么，石蜂幼虫都没法动弹，所以毫无抵抗力。

接下来的问题就是：为什么在长达半个月的时间里，在石蜂幼虫几乎变成"空口袋"的情况下，它仍然没有死去呢？我可以肯定它是活的，因为如果它死了，不出一天就会变色，然后流出难闻的脓水。但是在卵蜂虻幼虫忙着进食的半个月里，虽然石蜂幼虫越来越干瘪，但身体颜色始终保持着原本的奶油色，一点没变化。

这种情形让人匪夷所思！我忍不住就这个问题，进行了一番推断——石蜂幼虫在茧里沉睡时，它的身体正在为蜕变成成虫准备所需的材料。一个新生命的诞生，往往需要让原来的生命溶解，犹如毁灭是重生的前提。我在显微镜下观察过一只处于沉睡中的石蜂幼虫，发现它的身体里除了气管和神经，几乎全都是液体。只要呼吸器官和神经器官不受伤害，即使液体越来越少，也只会让石蜂幼虫的生命越来越微弱，但不致命。卵蜂虻幼虫聪明地利用了这一点，它用吸盘贴住石蜂幼虫，既不伤害到关键器官，又能将石蜂幼虫的体液一点点吸出，直到最后一滴。

到了7月，卵蜂虻幼虫的进食结束了，它一动不动地呆着，保持着幼虫的模样，直到来年5月，它才开始蜕变，形成覆盖着红色角质皮的蛹，然后羽化，开始新的生活……

筑巢蜾蠃的两种捕猎法

今天，我想说说自己和筑巢蜾蠃的故事。对于这种昆虫，起初我并不太了解，只是认识它黄色的幼虫和琥珀色的茧。后来有一天，我收到了女儿克莱尔寄来的包裹，里面是几段芦竹。我欣喜地发现，芦竹里住着的，正是我很感兴趣的小家伙：筑巢蜾蠃。

大家别对克莱尔的举动感到奇怪。克莱尔从小跟动物打交道，她受我的影响很深，常常帮我发现一些很有研究价值的东西。她目前住在奥朗日的郊区，那里有一个乡下常见的鸡棚，鸡棚的一部分是用芦竹横着搭建的。一天，当克莱尔去鸡棚时，发现有许多筑巢蜾蠃在芦竹间飞进飞出。她知道，这是我最需要的东西，于是小心地帮我准备了几段生活着蜾蠃的芦竹寄来，还写信详细说明了观察到的一些情况。

克莱尔说，筑巢蜾蠃储存的食物，是一种身体矮胖、带着黑点、散发出苦杏仁味道的虫子。我知道那是杨树叶甲的幼虫，

属于瓢虫类。这种瓢虫生活在杨树上，会把绿油油的叶子啃得到处是洞眼。我一边让克莱尔给我的昆虫实验室再提供几段芦竹和有杨树叶甲幼虫的树枝，一边嘱咐女儿继续观察，并告诉了她一些观察的注意事项。就这样，我们两地合作，准备把在实验室和野外观察到的两种情况，很好地进行互补和验证。

我把芦竹依旧横着放好，这是最符合蜾蠃要求的做法。芦竹内径约 10 毫米。蜾蠃有时只利用人们切开的那一段，如果这一段太短，它也会打通芦竹里的隔膜，往里面再延伸一段，蜂巢总长度超过 20 厘米。

说到这里，请允许我稍微岔开一点话题——除了筑巢蜾蠃，壁蜂也喜欢在芦竹里安家。如果不打开芦竹，有人能分辨出其中居住的是谁吗？我告诉大家一个有趣的辨认方法，那就是看堵住蜂房的"塞子"是什么材质。壁蜂的塞子就是一般的泥土，而蜾蠃还会在泥土塞子外面再加一层复合型的保护层——它把一些芦竹切割、啃咬成碎屑，然后把泥巴和这些碎屑混合起来，糊在最外面。这层纤维、泥土的混合物，要比壁蜂那种单纯的泥土牢固多了。

至于蜾蠃的猎物杨树叶甲幼虫，遇到危险时会分泌一种浓烈呛人的味道，如果你的手碰到了，准会变得臭烘烘的。这种令人讨厌的味道，是杨树叶甲幼虫强有力的防御手段，但也正是这种味道，成了吸引螺赢的致命诱惑。所以说，任何保护手段都是有限的，福祸总是相伏相倚。

那么，螺赢面对杨树叶甲幼虫，是怎么捕猎的呢？我向克莱尔提出请求，希望她借助得天独厚的条件，帮我进行观察，收集素材。我很相信克莱尔，因为她有敏锐的观察力和乐于助人的性格。当然，我也会在实验室里观察克莱尔寄来的那些螺赢。我们约定，为了保证客观无误，我和她在观察过程中互不交流结果，直到最后再进行印证。

克莱尔开始行动了。她很快在河边发现了有胖胖叶甲幼虫的杨树，而螺赢也飞来了，可是螺赢的捕猎动作实在太迅速，就在迅雷不及掩耳的瞬间，螺赢已经带着叶甲幼虫飞走了。这场捕猎发生在高高的大树上，克莱尔实在没法看清楚。

聪明的克莱尔想出了一个妙招，她找到一棵满是叶甲幼虫的小杨树，把它连根拔起，运到了鸡棚边。她一路上小心翼翼，

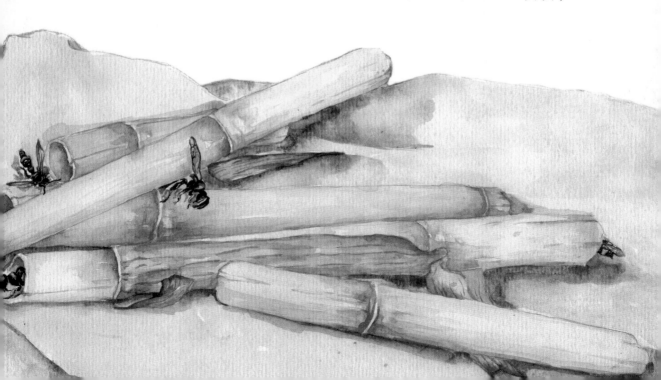

防止叶甲幼虫从树叶上被摇落。一切都很顺利，小杨树被重新种下了，正对着蜾蠃居住的芦竹。克莱尔躲在杨树枝后面，悄悄地等待着，无论是清凉的早晨，还是炎热的中午，她都全神贯注，无比认真。

一天过去了，两天过去了，只要有耐心，真是没什么做不到的啊！终于，一群捕猎者飞来了，它们闻到了猎物特殊的味道。况且家门口就遍布美食，为什么要舍近求远呢？蜾蠃们在克莱尔面前，完全展示了捕猎的每个细节。克莱尔看了一次又一次，为此被太阳晒得头痛不已，之后好几天出不了门。

但愿克莱尔的观察结果能和我的一致啊！

我把克莱尔寄来的蜾蠃和杨树叶甲幼虫放在一起，希望看到捕猎的场景。可是我想到一个问题：这些经过旅途劳顿的小家伙很可能受到过惊吓或损伤，不能反映真实结果，所以我还是决定去附近寻找精神状态更好的实验对象。功夫不负有心人，在一旁的东方茴香丛中，我发现了目标。一只，两只……我成功地抓到了 6 只筑巢蜾蠃。接下来我把一只精神奕奕的蜾蠃和一条叶甲幼虫放在钟形玻璃罩下，密切观察它们的一举一动。刚开始蜾蠃毫无捕猎欲望，一心只想逃跑。直到它确认不可能逃走后，这才把注意力放到了猎物身上。只见它猛地冲向叶甲幼虫，把幼虫掀翻在地，使它肚子朝上，然后对着叶甲幼虫的胸部狠狠刺了三下，尤其是靠近颈部那里，刺的时间最长。我又用其他几只蜾蠃做了同样的实验，都是三针，不多不少，克莱尔告诉我，她在野外观察到的情况也完全一致。

这些胸部被刺的猎物立刻瘫痪了，除了脚还能轻微颤动几下，完全处于昏迷状态。猎物这种昏而不死的状态，正好能保证蜾蠃幼虫在出生后的一段时间里始终能吃到新鲜食物。

不过，在观察中我发现了一件奇怪的事。有一次，一位捕猎者没有对准猎物的胸部，而是抓住叶甲幼虫的尾部，在肚子下面的最后几段刺了几针，然后抱住猎物，开始大口吮吸它的体液。这只叶甲幼虫没有像之前胸部挨针的同类那样昏迷过去，而是拼命挣扎，但这种挣扎对蜾蠃来说毫无威胁。大约 15 分

钟后，蜾蠃

喝饱了，扔下叶甲幼虫，满意地离

开了。叶甲幼虫此时还能缓慢爬行，头也灵活地动来动去，但是 5 小时后，它无法运动了，第二天更加无力，第三天只有头还能动，到第四天就完全干瘪死去了。

为什么蜾蠃要采取两种不同的捕猎方法呢？经过反复观察，我终于明白了——当蜾蠃为宝宝准备食物时，就对准叶甲幼虫的胸部下针，这样猎物就能长时间保持瘫痪状态但并不会死掉；如果它只是自己想享用点美味饮料，就对着尾部下针，畅饮之后便任由猎物很快死去。

根据不同的目的，采取不同的行动，这一点在筑巢蜾蠃身上，真是得到了充分的体现。

蜾蠃的食品保鲜术

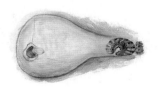

　　说到蜾蠃这个名字，也许很多人都比较陌生，其实它还有个通俗形象的名字，叫"独居胡蜂"，这是昆虫学大师雷沃米尔起的名字。蜾蠃和我之前讲到的黑胡蜂，外形上几乎一模一样，而且捕猎的习惯也一样，就连产卵后在蜂房里摆放许多猎物的做法都没有差别。于是我自认为很符合逻辑地推测：蜾蠃大概也和黑胡蜂一样，是把卵宝宝挂在屋顶上以避免受到伤害的吧？

　　我找到许多昆虫学大师的著作，想在他们的文字中找到验证自己推测的记录，但是非常可惜，我翻遍了大师们的作品，却连一点相关的描述也没找到。我当然不会怀疑各位大师研究时的认真和专注，难道事实不像我想的那样？或者大师们也有疏忽，没有发现其中的秘密？

　　我这个学生，要就这个问题，对大师们发出"挑战"！请大家千万别以为我狂妄，只不过我对真相的追求实在是太

热切了。

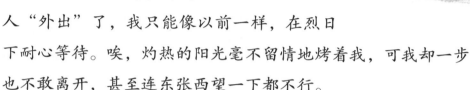

说干就干，我在家附近找到了几只螺赢的窝，看得出这是利用了别人的旧窝。蜂窝主人"外出"了，我只能像以前一样，在烈日下耐心等待。唉，灼热的阳光毫不留情地烤着我，可我却一步也不敢离开，甚至连东张西望一下都不行。

跟随我一起出来的小狗布尔早就受不了了，它自顾自找到一个稍稍阴凉点的地方趴下来，吐着长舌头，呼哧呼哧喘着气。它望着烈日下的我，心里一定在嘀咕："你真傻，干吗要一直呆在那里，快到我这里来躲一躲呀！"你这个每天有骨头啃就高兴的小家伙，哪里懂得我这个求知者的想法啊！只要能在研究和观察中取得一点点进展，哪怕受再多的苦我也愿意！

等待总是特别漫长，时间一点点过去，还是不见螺赢的踪影，我只能默默地忍耐着。终于，一只小小的黑影掠过半空，是螺赢飞回来了！它飞起来悄无声息，降落后很快钻进了蜂窝里。我赶紧拿出玻璃试管，对准洞口，当它再次飞出来时，就被我逮住了。

接着，我仔细查看了螺赢的三个蜂房，其中一个里面有24条小蠕虫，另外两个各有22条。虽然这些蠕虫的个头比较小，只有织毛衣的针那么粗，长度最多不超过1厘米，但是蜾蠃食物的总量已经很可观了。

　　那么，蜾蠃真的会用把卵吊起来的办法来保护吗？我仔细观察蜂房，果然在屋子的尽头，发现了悬挂在屋顶上的卵！这颗小小的卵被一根丝线吊着，受到一点点震动，就会在线上不停地抖动，看得出即将孵化完成。我太高兴了！事实证明了我的猜测，之前的一切辛苦和烦恼都被这发现的惊喜代替了！

　　我决定把这些小家伙搬回家去继续详细观察。说到我给昆虫搬家，再岔开一点点话题吧。记得每次我做这件事时，因为总是一副万分紧张的样子，所以常引起一些不必要的误会，比如附近的农人见我如此小心翼翼，立刻好奇地上前向我问长问短。出于礼貌，我只好停下来笑脸相迎，但心里别提多焦急了！还有，跟着我的小狗布尔也不省心，它常常会和其他狗打起来，我只得停下脚步，一边注意手上的东西，一边大声劝架……不过这次很幸运，一路上什么意外也没

发生。蜾蠃宝宝来到我家后，顺利孵化，并且果然保持着头朝下、尾朝上的姿势。当它想进食时，就伸长身体去够猎物；一旦发现猎物危险，就赶紧收缩身子，和猎物拉开距离。蜾蠃宝宝没有黑胡蜂宝宝那个卵壳形成的安全通道，它的卵皮薄薄的，就像一根松垮垮的带子。

　　我说过，我曾查看过三个蜂房，这三个蜂房都是入口和通道狭窄，尽头宽敞，卵宝宝全都是悬挂在屋子最深处的屋顶上。这种情形说明，蜾蠃是在产好卵以后，再去寻找食物的。这一点和很多昆虫有区别，但是却自有它的道理。接下来我给大家分析分析，你们就会恍然大悟了。

　　蜾蠃捕到猎物后，就在蜂房里一只挨一只摆好。由于蜾蠃宝宝需要吃20多条小虫，因此蜾蠃需要花费好几天才能备齐。你想想看，这些猎物肯定是越靠里面的越虚弱，因为它们被存放的时间更长；而新鲜程度呢，当然是越靠外面的越新鲜，因为那是后来捕到的。

　　当蜾蠃的幼虫孵化出来以后，非常娇弱，它当然应该先吃最没有危险的猎物，也就是那只离它最近、饿得最无力的小虫。随着蜾蠃幼虫一天天按照次序进食，它总是能把先捕到的猎物吃掉，充分保证食物始终新鲜。这种看似简单的摆放方法，对于小小的蜾蠃来

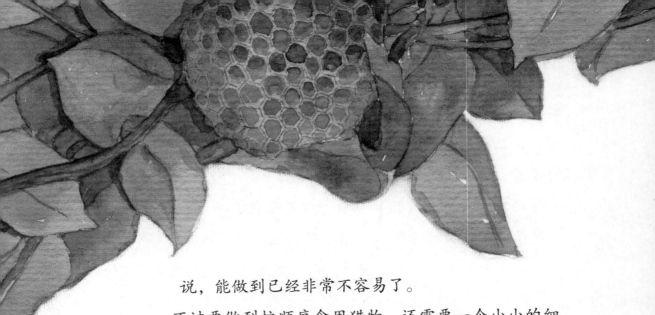

说，能做到已经非常不容易了。

不过要做到按顺序食用猎物，还需要一个小小的细节条件，大家想想看是什么？对了，那就是这些猎物不能发生移动。要知道这些猎物并没有死，它们只是受伤了。万一它们受到刺激动弹起来，会不会彼此交换位置呢？放心，聪明的蜾蠃早就预料到这一点了，这还得从它们的蜂房结构来说明——

蜾蠃的蜂房入口和洞底的直径相差明显，入口只有4毫米，然后向内慢慢扩大，洞底直径为10毫米。所以，卵在十分宽敞的蜂房尽头，而猎物们则挤在狭小的圆柱形部分，密密地排列着，根本没办法移动。蜾蠃幼虫在宽敞的起居室里，饿了就把离自己最近的那只猎物拉过来，舒舒服服地进食。

现在你不再有疑问了吧？蜾蠃就是通过这一系列的聪明举措，完美地帮助宝宝度过了娇弱的幼虫时期。

绿蝇幼虫的"食物溶解术"

　　我曾经有一个梦想，那就是拥有一个美丽的小水塘，水塘周围长着灯芯草，水面上漂浮着水浮莲。没事时，我就坐在池塘边的树荫下，看水里龙虱跳来跳去；仰泳蝽躺着划水，顺便等待猎物出现；另外还有美丽的扁卷螺……唉，那终究只是梦想，我曾试着用玻璃建了一个小小的人工池塘，可它还比不上骡子下雨天在泥地上踩出的水坑。

　　春天来了，山楂树上开出了美丽的花，各种昆虫开始欢唱。这时，我的另一个梦想出现在脑海里。那缘于一次散步，我看到一条蛇和一只鼹鼠被人打死了，扔在路边。可怜的蛇啊，它一定是刚刚从春天的温暖中苏醒，换上新装，还没来得及闻到花香，就被无知的人打死了。那人一定还想：这么吓人的家伙，我这真是做了件大好事呢！他全然忘记了蛇曾经保护过庄稼、消灭过害虫……

蛇和鼹鼠的尸体看起来都有些腐烂了，路过的人赶紧绕道走开。只有我，捡起它们仔细察看，只见上面有许多小虫子，显然在享用大餐。我把尸体放回地上，不再打扰这些昆虫。要知道这都是一些了不起的"清洁工"，能够把野外各种动物死尸分解得干干净净，从而保护环境。

我的另一个梦想，就是希望搞清楚这些清除腐尸的虫子们，有些什么奇特的本领。

现在，我终于有了一个属于自己的安静小院子，可以大胆实现第二个梦想了。如果我在路边盯着一只死动物不放，准会被很多人指指点点。我在院子里几个不同的地方安置了三脚支架，每个支架上都吊着一个离地面一人高、装满细沙的罐子，罐子底部有小孔，遇到下雨天，多余的水能从孔里流出来。我给了邻居孩子们几分钱，他们便兴致勃勃地为我弄来了各种实验材料：有菜叶包着的蜥蜴，有棍子挑着的小蛇，还有吃了毒草死去的兔子……

没想到的是，往往我刚把死去的动物放到罐子里，还没等腐烂呢，蚂蚁就顺着三脚支架爬上来了。如果它们对食物满意，甚至会在沙土间挖洞安家。腐肉爱好者是循着腐烂的气息而来的，可蚂蚁是怎么知道的呢？它们的嗅觉一定非常灵敏。不过，我先把这个问题放在一边吧。

大约两天后，罐子里的尸体开始发出难闻的气味，于是以尸体为食的小家伙们纷纷赶来了，其中有皮蠹、负葬甲、苍蝇等等。它们很快就把腐尸消灭掉了。在这些喜欢臭味的虫子中，我想重点观察苍蝇一族，于是绿蝇成了我的实验对象。相信通过这种苍蝇，我能触类旁通。

绿蝇大家应该都见过，它浑身闪着绿中泛金的光泽，模样其实并不难看。我把一只鼹鼠放在沙土上，在太阳的暴晒下，几天后它变软了，肚子边上鼓起来，形成了一个皱褶和弯盖。绿蝇来了，我数了数，一共8只，它们在考虑如何把卵产在鼹鼠的皮毛下面——绿蝇的卵绝对经不得太阳晒。看来绿蝇们一致认为，那个鼓起来形成皱褶的地方是理想的入口，于是它们像商量好了似的，一只接一只进去产卵，在外面的等待者挺有耐心，只是有时会跑到入口处去张望一番。退出来的绿蝇并没有结束产卵，它要休息一下，等下一轮排到后再继续。整个上午，绿蝇们就这样轮番进进出出。

当一只绿蝇产卵时，我小心地揭开鼹鼠皮察看，只见产卵的绿蝇周围有一些蚂蚁在"偷"绿蝇的卵，有的胆子特别大，都跑到绿蝇产卵管跟前了。但绿蝇根本不在乎，也许它在想：随你们偷吧，我肚子里的卵还多着呢！

几天后，我再来看结果，

只见在臭味难闻的血肉间，大量绿蝇的幼虫——蛆虫钻进钻出，那真是一幅令人作呕的景象！后来，我又在一条游蛇的尸体上，看到了类似的情景。

让我们忍住心里的恶心，通过实验来看看，蛆虫是如何进食的吧。我把一块瘦肉用吸水纸完全吸干，

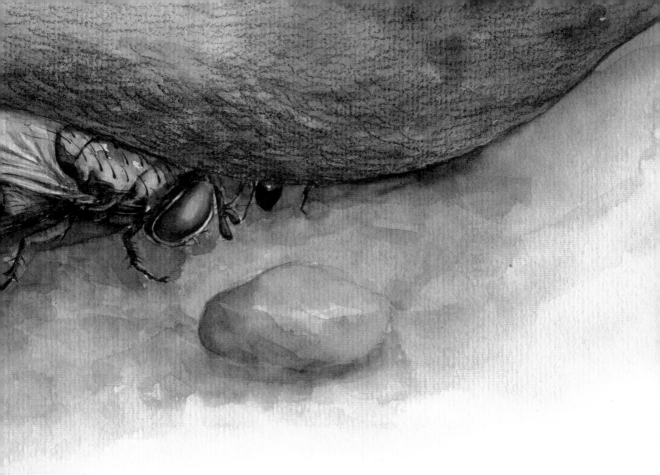

放进玻璃试管里，再把大约 200 只卵放在肉上，最后用棉球堵住试管口。只见绿蝇幼虫孵化出来后大约两三天，那块本来干干的瘦肉变湿了，凡是蛆虫爬过的地方，就留下一道水痕，活动多的地方甚至有了水汽。可以肯定地说，这些液体来自蛆虫。

慢慢地，那块肉"融化"了，最后完全变成了液体。这种变化和一般的肉类腐烂绝对不一样，它是蛆虫故意为之。之所以这么肯定，是因为我特意在另一个瓶子里，也同时放了一块吸干的肉。几天后，肉除了颜色和气味有些变化，还是干燥而完整的。

原来，蛆虫无法食用固体食物，只能吃流质，所以天生便

拥有了一种奇特的食物溶解术——不断用口针在肉块上捣来捣去，好像在吃肉，其实这时它根本没有进食，只是通过口针一次次在肉上留下蛋白酶溶液——在蛋白酶的作用下，肉很快就化成了糊糊。

我们人类消化食物，是在封闭的胃里，通过胃液里的蛋白酶，把食物变成液体，最后吸收。而蛆虫和我们正相反，它先把消化液注入肉里，等肉被液化后，才美美地喝肉汤，这种"体外消化"说起来还真是很奇妙呢。

因为蛆虫的数量非常多，进食又快，面对一只死去的动物尸体，很快就能完成分解任务，避免腐烂的动物血肉污染环境。所以，尽管它看起来令人作呕，但好歹算得上是大自然的清洁工，是自然界不可缺少的重要角色啊！

精明的反吐丽蝇

　　说到反吐丽蝇这个名字，也许很多人觉得陌生：这是什么东西？如果我改叫它们"绿头大苍蝇"，你就很熟悉了吧？是的，反吐丽蝇就是我们俗称"苍蝇"的一种。它们是夏天最令人讨厌的家伙之一，不但个头特别大，而且身上还泛着蓝绿色金属般的光泽，太恶心了！家里的窗户稍微开了点缝隙，它们立刻就会肆无忌惮地飞进来，哪里有吃的就围着哪里嗡嗡乱叫，赶也赶不走。

　　不过，既然它们也是我的观察对象，我还是尽量平等地对待它们吧。

　　我一直对反吐丽蝇的产卵行为十分好奇。假如了解了它们的产卵行为，也许灭蝇就变得更方便了吧！正好，有一些反吐丽蝇飞进了我家。虽然我腿脚不便，但在家人的帮助下，还是顺利把这些"入侵者"送进了我安置好的金属网罩里。看看这些反吐丽蝇的身体我就知道，它们要产卵了。

　　根据经验可知，昆虫产卵时，安全的地点和丰富的食物是两个重要条件。针对反吐丽蝇的生活习性，我找到了一只几天前被射猎的死鸟，准备开始实验。为了避免实验对象数量太多发生争抢，我只放了一只雌反吐丽蝇到有死鸟的罩子里。这只反吐丽蝇拖着圆鼓鼓的大肚子，行动已经没有以前那么灵活了。它先是对陌生的环境稍稍警惕了一下，接着很快平静下来。当它发现死鸟时，一定充满了惊喜，赶紧过去查看是否安全。从反吐丽蝇一遍遍地围着死鸟打转来看，它非常谨慎小心。

　　反吐丽蝇的尾部有一根产卵管。为了便于产卵，它将产卵管折成直角，然后插入了鸟喙窝的底部。整整半个小时，反吐丽蝇一动不动，它在静静地繁殖后代。接着，它飞了起来，

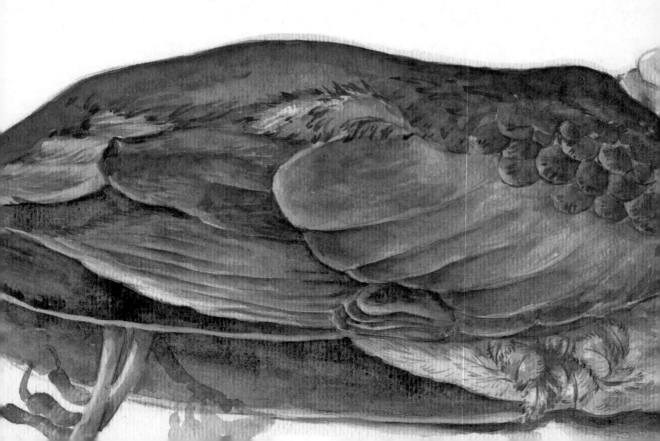

停在网纱上稍事休息。产卵是一件很辛苦的工作，相当耗费体力，反吐丽蝇要分几次才能全部完成。在网纱上休息时，它的后腿不停地摩擦，把产卵管清理干净、磨磨平整，为下次产卵做准备。

过了一会儿，反吐丽蝇的肚子再次鼓了起来，它又飞回鸟的喙窝部，开始第二次产卵。就这样，一只雌反吐丽蝇要反复折腾两个小时，才能最终完成任务。

我用小木棒撑开鸟嘴，发现里面已经布满了反吐丽蝇白色的卵。两天以后，这些卵就会孵化成白色的蛆虫，顺着鸟的喉咙进入身体，在里面安全无忧地慢慢长大。由此可见，反吐丽蝇为了孩子能顺利进入鸟的身体内部，以保证获得食物，会很精明地选择鸟的眼睛和喙窝这两处柔软部位产卵。

那么，如果我把鸟的头部包裹起来，反吐丽蝇会怎么办呢？我立刻用薄薄的纸套把鸟头包裹严实，又放了一只待产的雌反吐丽蝇进去。

只见它飞快地凑近死鸟，仔细观察。

它很快发现鸟的头部无法接触到，便用前足轻轻地敲打鸟的前胸和腹部，它想通过这种方式，观察羽毛对外界刺激的反应，从而发现点什么……

这只鸟当时是被枪打中

的，但是因为中弹时一团羽毛正好嵌入了伤口，所以并没有什么血流出来，表面几乎看不出什么异常。但是反吐丽蝇通过高超的检查手段，迅速发现了这个伤口。它在伤口处停下来，把肚子深深埋进羽毛里，纹丝不动，足足待了两个小时，这才起身飞走了。

当反吐丽蝇离开后，我扒开鸟伤口处的羽毛，居然没发现卵。这是怎么回事？难到它只是蹲在这里休息？不可能！于是，我把堵住伤口的羽毛清理掉，在更深的内部果然发现了许多卵。反吐丽蝇的产卵管还真够厉害的，居然能够伸缩。刚才它就是拉长了产卵管，刺透那团羽毛，把卵留在了鸟的身体里。

第三次实验开始了。我把一只浑身没有伤口，但是被拔光了羽毛的死鸟放在罩子里，鸟头依然被纸袋包裹起来。这下反吐丽蝇有些苦恼了。它知道，虽然纸袋很薄，但它的孩子刚出生时太弱小，根本不可能穿透纸袋。它不能冒险把卵产在纸袋上。反吐丽蝇也放弃了前胸、腹部和背部，也许是因为这些部位的皮肤太结实，幼虫要穿透同样不易，而且按照昆虫产卵的习惯，自然是阴暗隐蔽的部位更好。所以，反吐丽蝇最终选择在鸟的大腿内侧和翅膀下面产了少量的卵。是啊，对反吐丽蝇来说，这些地方也非常不理想，但是绝望之下，它只能做出这个无奈的决定。

可见，只要有薄薄的一层纸，就能阻止反吐丽蝇的产卵行动。这种双翅目昆虫虽然挺招人烦，但是它们对自己的孩子，

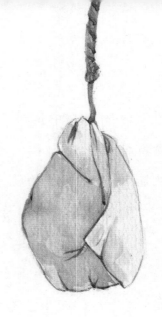

　　却是万般小心，精心呵护的。而且令人意想不到的是，在产卵结束后的第二天，雌反吐丽蝇的生命也就结束了。

　　由此我想到了一个问题，南方有很多集市上出售的野味，就那么无遮无拦地挂着，这真是给反吐丽蝇和它的同类提供了上好的产卵环境。所以时常有人买了表面完好的野味，回家切开一看：哎呀，里面早就被蛆虫占领了，哪里还能吃呀！

　　其实，卖家完全可以用一个非常简单的方法来防范——用薄纸把野味包裹起来就可以了。没有蛆虫这些"腐化剂"的破坏，野味即使放很长时间，最多被风干（风干的野味同样别有风味，绝不影响食用），但绝对不会腐烂变质。怎么样，是不是很简单？

　　至于要想多多消灭这些讨厌的双翅目昆虫，不给它们提供合适的产卵场所，恐怕比拿着灭蝇拍，四处追着它们打要省力得多吧。

麻醉大师萤火虫

经过一天炙烤的夏日大地渐渐凉爽下来。夜空下的地面，不时拂过几丝微风。瞧，树林间、草地上，星星点点地出现了什么？上上下下，忽闪、忽闪——原来，是许多萤火虫在翩翩飞舞。它们如同黑夜的精灵，美丽、可爱，带给人们无限惊喜。

古希腊人根据萤火虫会发光的特点，给它们起了个名字，翻译之后意思是"屁股上挂灯笼的虫子"，是不是相当贴切？法国人虽以浪漫著称，但法语却将萤火虫称之为"发光的蠕虫"，简直太随意马虎了。况且萤火虫并不是什么蠕虫，它们是标准的昆虫，有6条腿，虽然那些腿看起来短短的，美观上稍差些。之所以会发生这个误会，大概是因为雌性萤火虫终身都保持着幼虫时的形态，也不能飞行。

好了，关于萤火虫的模样和名称我们就不多加讨论了。研究昆虫中，我最关心的还是它们如何生活，尤其是"吃"这个问题，

所以我们回到这件最重要的事情上来吧。自然界里，无论是大动物还是小动物，食物是决定一切的基础。那么萤火虫的食性如何呢？这些闪闪发光、看起来柔弱而娇小的生灵，会不会像童话故事里的小精灵，不食人间烟火？

答案当然是否定的。俗话说"人不可貌相"，其实昆虫也不可貌相——说出来也许令人难以置信：看起来优雅漂亮的萤火虫，却是地地道道的食肉昆虫。它们在猎取食物时表现得相当老练，手段也十分高明。

　　萤火虫捕食的可怜家伙是
蜗牛。蜗牛爬行缓慢，也没有强劲
有力的抗敌手段，看起来的确比较好对付，聪明的萤火虫还真
会选择！尤其是那种体型比樱桃略小的变形蜗牛更是萤火虫的
首选。夏季，田间树林、草地禾秆、植株上下，时常聚集着大
量的变形蜗牛，这些懒惰的家伙可以一个夏天都窝在那里不动，
如此正好给萤火虫提供了大好的捕猎机会。

　　为了方便观察，我在玻璃瓶里放了一些草、几只变形蜗牛
和几只萤火虫，接着便寸步不离地守在瓶子前——捕猎随时会
开始，我不能有丝毫大意。

　　蜗牛显然尚未意识到危险即将来临，它们照旧有的趴着不
动，有的懒洋洋地拖着身体缓慢挪动，软软的肉随意暴露在硬
壳外。萤火虫准备行动了，它先是对蜗牛观察了一番，然后确
定目标，亮出了它的武器——一对头发丝般粗细、钩状的锋利
大颚。萤火虫就用这对大颚轻轻地触碰蜗牛露在外面的身体。
攻击手的动作非常轻柔，简直就像孩子们之间开玩笑时，轻轻
地用手捏捏对方的脸。如此一来，蜗牛就不会因为突然受到惊
吓，从原本固定的地方掉到地面上。如果掉下去，那么萤火虫
就不太容易享用到了。

　　萤火虫耐心地重复着"触碰"。它碰一下，停一下，休息一
会儿后再去碰一下，最多会进行 6 次。蜗牛还没反应过来，就糊
里糊涂无法动弹了——它们被萤火虫彻底麻醉了。如此快速有效

的麻醉效果，令人不可思议。我根据观察分析，萤火虫的"麻醉剂"一定是在触碰中通过弯钩状的大颚，注入了蜗牛体内。

我想测试一下萤火虫的麻醉剂到底有多厉害，便赶走这只萤火虫，把它麻醉好的蜗牛"抢"了过来。我用针轻刺蜗牛，它没有任何反应，就像死了一般，身体的前半部分软塌塌地垂在壳外。被麻醉的蜗牛还能活过来吗？我把它放了两天，再给它冲了个澡，它果然"复活"了，行动如常，对针刺也有了反应，似乎没有留下什么"后遗症"。

看来，萤火虫的麻醉技术相当精湛，一点也不比医院里的麻醉师差呢！我们真该好好研究一下萤火虫的这项看家本领，从而更好地在医疗中为病人服务。

接下来萤火虫继续实施麻醉"手术"，我袖手旁观，一心等着看萤火虫是如何把猎物吃掉的。事实证明，我用"吃"这个字眼真有些不太准确！因为萤火虫不是把蜗牛肉撕咬成小块吃掉的，它们没有这样的进食工具。萤火虫自有一套高明的办法——把猎物变成糊状，然后吸而食之。这个办法需要借助麻醉剂之外的另一种特殊汁液"消化素"。萤火虫把消化素注入被麻醉的蜗牛身体，不久蜗牛肉就变成了美味的"肉粥"，可以让萤火虫尽情享用。

萤火虫执行麻醉任务时，往往都是单独行动，但麻醉成功后，如果有三五同类赶来分享，它们也丝毫不在乎，大家热热闹闹凑在一起，也许能让胃口更好呢！当玻璃瓶中的萤火虫吃饱喝足离开后，我拿起了那只被遗弃的蜗牛壳，只见里面空空如也，只剩下一点点肉汁残渣。

既然要捕食，萤火虫平日里就要四处活动，除了飞舞着寻找目标，它们那又短又笨的腿是怎么走路的？原来，在那些小短腿的末端，都有一个小白点，如果你用放大镜看，就会发现小白点上长着十二个短短的肉刺，它们能自如地收缩、打开，这就是萤火虫行走的器官——如果想停在哪，肉刺就像花儿一样打开，把身体紧紧黏附住；如果要去哪儿了，肉刺就一张一合，借此让萤火虫自由行动。

　　更有趣的是，这些小白点还可以当刷子来用呢！萤火虫用餐时，身上难免会沾到一点儿食物残渣，它们餐后就用这些"小刷子"把身体各处刷一刷，那份认真和仔细，不亚于姑娘们清晨的梳妆打扮呢！

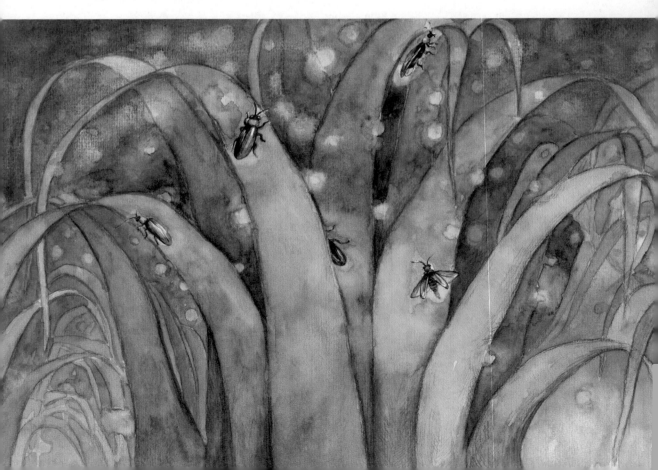

神奇的幼虫期免疫力

　　我曾经通过实验，证明了很多昆虫面对蝎子的毒液，都难逃一死。但是没想到一个偶然的念头，却让我看到了另外一番意想不到的情形。

　　那是在寒冷的冬天，万物凋敝，我的研究对象变少了，但饲养的蝎子还精神十足，于是我想到了荒石园里枯叶堆下的花金龟蛴螬（花金龟的幼虫）：如果把蛴螬和蝎子放在一起，会发生什么呢？

　　蝎子和蛴螬见面了。蝎子没有立刻发起进攻，只是看着蛴螬。但蛴螬明显感觉到了危险，拼命想逃，它围着圆形罩壁一个劲儿地爬，有时甚至一撞撞到了蝎子身边。蝎子看来并不好斗，它居然给蛴螬让出了一条逃跑的路。

　　不过，这种"相安无事"可不是我想看到的。我拿一根草故意逗弄它们，胆小的蛴螬缩成一团，一动不敢动，而蝎子倒真被惹怒了，它把火气撒到了蛴螬身上，举起毒针扎向蛴螬。血从蛴螬的伤口处流了出来。

　　我想，这下蛴螬要开始抽搐并死亡了。之前我尝试了多种昆虫，结果都是这样。可是受伤的蛴螬逃走后，跟没受伤一样，迅速钻进了土壤里。过了两小时我再看它，还是一切正常，完全没有中毒的迹象。是不是刚才蝎子只是扎伤了蛴螬，没有注入毒液？我要换两个实验对象再试试。

　　结果和第一次完全相同，蛴螬安然无恙。

　　之后，我又用 12 条蛴螬做了同样的实验，有的蛴螬还被蝎子的毒针扎了两三下，但都没有造成什么伤害，这些幼虫照旧从 6 月开始变成了蛹。

　　我记得曾经有一个关于刺猬的故事，说的是刺猬面对毒蛇，一点也不畏惧，即使在搏斗中被毒蛇咬伤，也没有中毒身亡，最后反而还把毒蛇给吃掉了。但是这个故事和我现在遇到的情况有所不同，本来刺猬就是毒蛇的天敌，它担负着消灭毒蛇的任务，所以具备抵抗蛇毒的"天生能力"，但是蛴螬不同，它在

日常生活中几乎不会和蝎子相遇，而且之前我用花金龟的成虫做过实验，成虫立刻就死了，为什么独独幼虫具备了这样的免疫力呢？是不是所有的昆虫幼虫都有这项特殊能力呢？

我在橄榄树的老根上找到一条葡萄蛀犀金龟幼虫，它看起来肥肥胖胖，像根小香肠似的。它被蝎子刺伤后，同样毫不在意，能吃能喝，8个月后变得更结实了。

我对昆虫的成虫进行毒液实验时，选择的种类很多，因此在幼虫实验中我同样得保证种类丰富。正巧，我家门口的一棵桂樱被天牛给毁掉了，天牛在里面安了家。我劈开树干，找到了12条天牛幼虫，然后对它们进行毒液实验，结果被刺后的天牛幼虫照旧悠闲地啃着木头，顺利度过了幼年期。

之后的鳃金龟、革黑步甲、金步甲、蝶蛾，它们的幼虫食性不同，身体也有的胖有的瘦，但都对蝎子的毒液没什么反应。而螳螂、蝗虫和螽斯等比较"高级"的直翅目昆虫，它们的若虫中了蝎子的毒针以后，反而会死去。

由此我得出一个结论，那就是成长过程中要经历完全变态（幼虫和成虫形态完全不同）的昆虫，成虫会中毒而死，但幼虫具有抗毒能力；而那些幼虫期体型和成虫期体型相似的不完全变态类昆虫，它们的成虫和若虫都会中毒。

这个结论，又让我产生了一个奇特的想法：人类会通过注射疫苗来免除一些疾病，那么被蝎子毒针扎过的完全变态型幼虫长大后，是不是也会产

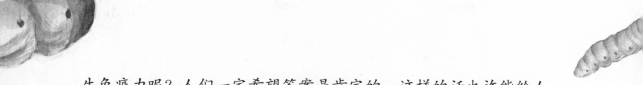

生免疫力呢？人们一定希望答案是肯定的，这样的话也许能给人类带来某种福音呢！我要通过实验来验证猜想。我准备了4组昆虫，第一组是12条花金龟幼虫，它们在去年10月和今年5月都被蝎子刺伤过；第二组也是12条花金龟幼虫，但只在今年5月中过毒针；第三组是4只桴天蛾蛹，这些蛹的幼虫在4月被刺伤过；第四组是蚕蛹，这些蚕在化蛹前曾被蝎子毒针狠狠地刺过。

　　最早向我展示答案的是蚕蛹中出来的蚕蛾，它挨了蝎子毒针后，挣扎了两天，死了；之后的桴天蛾、花金龟也都一样，不管幼虫期被刺过几次，成虫都没有经受住考验，全部中毒而死。你是不是觉得，我的实验到这里该结束了？不，还没结束，我还想直接给花金龟成虫注射挨了毒针的幼虫的血液，看能不能由此让成虫具有免疫力。

　　我在一条被蝎子刺过的花金龟幼虫身上，用针刺了一个伤口，然后立刻收集了一玻璃管二十几毫升的幼虫血液。接着，在花金龟成虫的肚子处，轻轻用针头扎破，然后把玻璃管一头插进去，在另一头慢慢吹气，玻璃管中的"疫苗"被注入了花金龟成虫体内。

　　我的"疫苗注射手术"非常成功，基本没有对花金龟成虫造成什么伤害。为了保证疫苗能够扩散到全身，我又等了两天，然后才让蝎子对它"施毒"。

　　我的异想天开最终没有成功，这只花金龟成虫还是死了。动物界的某些奇特能力，看来不是我们想改变就能改变的啊！

靠什么记住回家的路

　　关于动物是如何找到回家之路的，有很多种不同的看法，像《动物的智力》这本书的作者塞内尔，就认为鸽子之所以能从遥远的地方飞回家，是因为它们有出众的视力和对气象条件的敏锐感知。对此我不是很认同，从我对石蜂所做的实验来看，石蜂们在密林里根本没有很好的视野，但同样找到了正确的方向，回到了家。

　　如果说鸽子沿着南北方向飞，也许的确会有温度的变化，但是如果它们是东西方向飞呢？同一个纬度上，温度的变化可没那么明显啊。所以，我觉得还是应该把这种本领归结为动物拥有的一种神秘的感知能力。

　　那么，除了我测试过的石蜂，生活在荒石园里的另外一拨"客人"蚂蚁，是不是也能如此聪明呢？我决定再次进行实验。

　　红蚂蚁是过着大家族的群体生活的，它们是些只懂武力的莽夫和强盗，既不会自己找食物，也不会照顾宝宝，生活起居全靠"仆人"侍奉。那么，它们哪里来的仆人呢？原来，红蚂蚁会派出"大军"，采用巧取豪夺的方式，从其他种类的蚂蚁家里抢来许多蛹，当这些蛹孵化出来后，就成了红蚂蚁的仆人，日复一日地为它们辛苦劳作。

我现在顾不上声讨红蚂蚁的劣行，我想知道，红蚂蚁外出后还能不能找到回家的路。我很快就看到一群红蚂蚁从家里出发了，它们要去寻找黑蚂蚁的窝，实施抢劫。只见它们排成一列纵队，不是很有目标地前进着，显然走到哪里算哪里。终于，它们找到了一个黑蚂蚁的窝，并且成功抢到了许多蛹。

回家的路上要带着抢来的蛹，红蚂蚁一定很吃力，它们完全可以舍弃出门时那条弯弯绕的路，抄近道走。但红蚂蚁们似乎是死脑筋，它们严格按照之前走的路线，原路返回，根本不管刚才的路有多难走，或者路上有什么危险。

有一次，我发现红蚂蚁外出时经过了一个池塘，因为北风呼啸，出去时就有几只红蚂蚁被吹进了池塘里，成了金鱼们的食物。我想，这下红蚂蚁回来时要避开这危险的路段了吧？谁知我错了，红蚂蚁宁愿再次遭受重创，也没有改变路线。

我们知道，爬行毛虫在离开住所到其他树枝上寻找食物时，会在走过的路上留下细丝，以免回家时迷路。那么，红蚂蚁是不是参照了毛虫的这种做法，在之前走过的路上留下了避免迷路的气味？我不会轻易做出判断，一切都要用实验结果来说话。

为了节约时间，我把小孙女露丝拉来做了我的帮手，正好她对红蚂蚁也很感兴趣。我让小丫头负责监视红蚂蚁，一旦发现它们出窝就赶紧通知我。这天，我正在写记录笔记，露丝兴奋地跑来了：

"红蚂蚁进黑蚂蚁的窝了！"

"记得红蚂蚁去时的路线吗？"我赶紧问。

"记得，我用小石子一路铺过去做了记号！"露丝自豪地回答我。

真是个不错的小搭档！看来我没找错人！

这次红蚂蚁离开家大约有一百米距离，我用扫帚把它们行进的路线截断，清扫了一块一米宽的区域，这样路上应该不会有气味了吧。红蚂蚁到达清扫过的地方后，明显变得犹豫起来。前面的红蚂蚁踯躅不前，后面的又不停赶到，原本整齐的队伍挤成了一团。后来，有几

只勇敢者走上了扫过的路，其他红蚂蚁也试探着跟上去……虽然经历了困难，红蚂蚁依然找到了原路，回到家里。也许扫帚扫地还不能完全清除掉地上的气味吧？于是，我的第二次实验选择了"水洗"，我用水管对着红蚂蚁的行进路线，横着冲了15分钟，冲出了一道宽宽的隔离带。红蚂蚁回来时，我减小了水量，但是隔离带上还是有薄薄的一层水流，应该会对红蚂蚁的行动造成困扰。

　　没想到，红蚂蚁犹豫了很长时间后，还是借着露出水面的小石头、叶片，走进了水流里，并在一阵混乱之后最终涉水成功。更了不起的是，无论红蚂蚁遇到什么困难，都没有丢下战利品。我觉得这次的水流冲刷绝对不可能再在地面上留下丝毫味道，红蚂蚁靠嗅觉找路的说法几乎要站不住脚了。为了更彻底地证明这个观点，第三次我用带着浓烈气味的薄荷叶，铺在红蚂蚁走过的路线上干扰它们。谁知它们一点都没焦虑，很快穿过薄荷叶，走了过去。

　　既然嗅觉不是红蚂蚁的认路方法，那么红蚂蚁到底是靠什么找到回家路的？我拿来几张报纸，等红蚂蚁走过后，把报纸铺在地上。这样一来，如果红蚂蚁留有气味，那么肯定还存在，但是大面积的报纸让原先的路彻底变了模样，它们将如何应对？红蚂蚁回来了，它们面对报纸，显得比之前任何一次都更慌乱，纷纷从各个角度去探查，不过最后还是小心翼翼穿过报纸区域，回到了原来的路上。

　　红蚂蚁可别以为接下来就一切太平啦！我又在前面给它们设置了新的圈套——用黄沙覆盖了一段它们走过的路。红蚂蚁经过好一阵犹豫和试探，到底还是成功穿越而过。

　　由此可以初步断定，红蚂蚁是靠视力来认路的，只是它们的视力太糟糕了，只要路上发生微小的变化，它们就有点看不清，需要反复确认，不过幸好最后都能成功。

　　另外，光有视力还不够，红蚂蚁还得拥有出色的记忆力，以便精确记住路上的点点滴滴。我曾经在几天后看到一队红蚂蚁再次出发，依然沿着前几天的路线前进，只不过这次它们不再犹豫，而是直接冲向了那只黑蚂蚁窝。

　　实验做到这里，其实我已经可以肯定自己的推测了，不过我还想解开另一个疑团：如果把红蚂蚁带到陌生的地方，它们能像石蜂一样，准确回家吗？我抓住几只红蚂蚁做了实验，结果是它们就在离大部队几步远的地方"迷路"了，朝着相反的方向越走越远……

真正的网民——圆网蛛

蜘蛛在我们的生活中十分常见，屋角上、树杈间……几乎随处可见。但在分类学中，看起来很像昆虫的它们，并不属于昆虫类。的确，比如昆虫都是6条腿，而蜘蛛偏偏长着8条腿……这里我准备暂时抛开什么分类学，说说蜘蛛中的一种：圆网蛛。

在法国的南部，彩带圆网蛛是圆网蛛家族中最漂亮的。它的肚子约莫有玉米粒大小，带着黄、银、黑的条纹，所以人们给它起了"彩带"这个名字。蜘蛛的肚子就是它的储丝仓库，长得圆圆的，8条腿围着圆肚子，呈辐射状伸展开来。

彩带圆网蛛不挑食，对结网的地方也不挑别，只要能挂住

注：蜘蛛和蝎子是蛛形纲的，不属于昆虫纲，但蛛形纲和昆虫纲是节肢动物门内亲缘关系较近的两个纲，有些蜘蛛和蝎子与某些昆虫互为天敌，因此法布尔也把它们记录在了《昆虫记》这部作品中，特此说明。

网，它就开始产丝工作。至于网的大小，也不固定，反正一切都根据场地的实际情况来决定。

咱们来看看彩带圆网蛛是怎么织网的吧。首先，它从中心点向四周等距离拉出几条辐射丝，然后在这个基础上，一根丝再从中心慢慢向外旋转延伸，有点像人类织布，有经线有纬线。为了使网更牢固，它最后会在网上加一根弯曲的粗丝线，于是大功告成！

和其他很多蜘蛛一样，丝网是彩带圆网蛛的捕猎工具，对于什么猎物会自投罗网，它完全没法决定，只能趴在网中间，静静地等待。一旦网上传来振动，就说明有情况，也许是哪个小家伙失足跌到了网上，或者是飞行中冒冒失失撞上来的，总之丝网随时都得经受考验。尤其是力气很大的蝗虫，它一旦不小心被网粘住，就会拼命蹬腿，想破网而逃。但是蝗虫虽然身强力壮，可它只要第一次蹬腿没有成功，就意味着被俘的命运。

彩带圆网蛛发现蝗虫后，立刻背对着它，启动肚子里的纺丝器，抛出丝线，两条后腿踩住丝线，尽力张开，形成云扇般的闪光丝雾，将蝗虫密密地包裹起来。当丝袋里的猎物无法动弹后，圆网蛛这才小心靠近，用自己的毒牙对着蝗虫轻轻咬一口，便放心离开了。在毒素的作用下，蝗虫很快变得奄奄一息，圆网蛛这时总算可以大饱口福了。它主要吮吸猎物身体的汁液，一个地方吸干了就换个地方，直到猎物变成干巴巴的壳，圆网蛛便把它扔出网去。

这里再补充说明一下吧。根据落网猎物的大小或者挣扎程度的不同，圆网蛛抛出的丝的数量也是不同的；另外它享用的猎物，只是被毒昏了，并没有死去。因为死去的猎物，身体里的液体会停止流动，很难被吸出来。

也许你觉得彩带圆网蛛捕猎很厉害，其实在这方面，还有比它更厉害的呢！那就是圆网丝蛛。有一天，我想测试一下圆网丝蛛的捕猎能力，便在圆网丝蛛的网上，放了一只体型很大的螳螂。要知道，螳螂比蝗虫暴烈多了，在通常情况下，螳螂那锋利大刀般的前足一下就能抓破圆网丝蛛的肚皮。但是，现在是在蜘蛛网上，面对"意外"降临的厉害角色，圆网丝蛛敢行动吗？起先，螳螂虽然被网粘住了，但它拼命挥舞前足，可惜它越动，前足被缠得越紧。一旁的圆网丝蛛没有立刻动手，它在等待和积蓄力量。当螳螂发现圆网丝蛛后，更加急躁狂怒，摆出一副迎敌的姿势。但圆网丝蛛不理会这些，它以不变应万变，开始大量抛丝，两条后腿交替合抱拉伸，将丝雾形成的网扩大，抛洒在螳螂身上。渐渐地，螳螂最可怕的"大刀"被裹起来了，翅膀也动不了了……

螳螂不肯轻易放弃，它几次突然弹跳，把圆网丝蛛都给震下网去了，这种事故在捕猎中经常发生。不过在掉下去的瞬间，圆网丝蛛立刻喷出一根保险丝，把自己挂在了半空中。它在蛛丝上随风飘荡了一会儿，感觉网上平静了，又快速爬上来，继续纺丝对敌!

眼看圆网丝蛛肚子里的丝要用完了,幸好这时螳螂已被裹得严严实实,彻底动弹不了了。你从表面看,只能看见一个丝袋,几乎看不到里面的螳螂。

筋疲力尽的圆网丝蛛没有马上去碰螳螂,而是暂时走开了。它趴在网中央休息了一会儿,这才回到螳螂身边,在猎物身上这里切一下,那里划一下,弄出许多小口子,然后从这些伤口处,美滋滋地享用螳螂大餐——一处吸干再换一处,一丁点儿也不浪费。

我给圆网丝蛛的绝对是一只肥大的螳螂,它花了十个小时才全部吃完。当我第二天再来观察时,看到那只被吸干的螳螂掉在地上,正被几只蚂蚁抢来抢去。

其实,闪亮的蛛网对许多蜘蛛来说,既是生活和捕猎的重要场所,也是生命走向终点的地方。拿圆网丝蛛来说,当它感觉到自己将不久于世后,就会从高高的网上下来,在禾本科植物间,用肚子里仅剩的丝,织一个丝质卵袋,然后重新爬上原先的网,静静地趴在那里。这时它已经没有丝了,即使猎物上门它也无能为力,再说它根本没有胃口,只不过在等待最后时刻的到来。

眼看这只圆网丝蛛越来越萎靡,几天后,它死了。不过不用感到伤心,圆网丝蛛之前已经织好丝质卵袋,安置好了未出生的孩子。有孩子就有希望,对蜘蛛家族来说也一样啊!

神奇的蛛丝

　　蜘蛛网在我们的生活中随处可见，它看起来轻轻柔柔的，却能粘住许多触网的昆虫，为自己的主人奉上一顿大餐。我对蜘蛛网的蛛丝一直很有兴趣，可是在室外，即使有放大镜也很难观察，因为蛛网时常随风摆动。于是我想了一个办法，在一个清凉的早晨，拿块玻璃板，小心地贴近蛛网，便成功地粘下来一些蛛丝。我拿来放大镜和显微镜，反复观察玻璃板上的蛛丝。只见那些蛛丝的末端，并不是直直的线状，而是呈螺旋形，并且蛛丝中间居然是空心的，里面充满了树胶似的半透明黏液，看得出黏液正慢慢从蛛丝一头流出来呢。

　　这么细的蛛丝还是空心的，里面还有黏液，是不是听着就觉得很神奇？那就继续跟着我的观察和实验，来详细了解其中的秘密吧。

　　其实，一张蛛网的蛛丝并不是都有黏

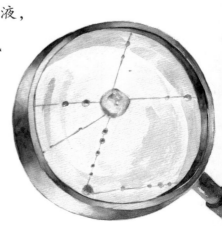

性，一般在网中心和中心附近的丝是没有黏性的，这是蜘蛛长时间"蹲守"的区域，所以用的是普通的实心丝线，不但没有黏性，而且也没有螺旋形。我用麦秆去试过，完全不会被粘住。而那些担负着捕猎功能的黏性蛛丝，基本都分布在蛛网的外围。

蛛丝之所以会产生黏性，是因为丝管中的黏液不断透过管壁，慢慢地、均匀地渗出来，这样整根丝就能持续保持黏性。我同样用麦秆去触碰黏性蛛丝，尽管动作已经非常轻了，但麦秆还是立刻被粘住了。我抬高麦秆，蛛丝被拉得变长了一倍，直到最后绷得太紧了，才从麦秆上脱落。请注意，是脱落，而不是断掉，蛛丝脱落后迅速收缩，变成了最初的模样。

蛛丝之所以能被拉得这么长而不断，就是因为它巧妙的螺旋形结构（想想看你拉弹簧的感觉）。不过，蜘蛛展示出这么精湛的工艺可不是为了炫耀，那是有原因的。想想看，当蛛网粘住猎物后，猎物会乖乖等着蜘蛛来吃吗？当然不可能，它们一定会拼命挣扎，东拉西扯，要是蛛丝没有弹性，蛛网很容易就会丝断网破。

关于蜘蛛，孩子们常会问一个问题：蛛网既然能粘住其他昆虫，为什么粘不住蜘蛛自己呢？这个问题很有趣，也很值得研究。记得我们小时候常去田野里捉金翅雀。方法就是在细竹竿上涂满黏胶，等着金翅雀上当落下来。当时为了防止手被粘住，我们总是在手上抹点油——油脂能防止被粘。那么蜘蛛是不是也采用了这样的方法呢？

我用粘了油的纸擦了擦麦秆，然后再去碰蛛丝，果然没有被粘住。接着我从一只活蜘蛛身上，取下一只步足，放在硫化钠溶液里浸泡了15分钟。硫化钠溶液能够溶解油脂，如果步足上有油脂，那么浸泡后一定会消失的。浸泡后的实验结果和我预想的一样：这只步足轻易就被蛛丝粘住了。

　　当然，尽管蜘蛛步足上有油，但如果长时间呆在有黏性的蛛丝上，还是免不了被粘住，所以前面我说过，蛛网中间有约掌心那么大的一块，也就是蜘蛛的"休息区"兼"进食区"，那里的蛛丝是普通的，没有黏性。

　　我很想深入了解蛛丝里黏液的化学特点，可是它的量太少了，很难进行研究，我只能通过简单的手段，知道了蛛丝的黏性和湿度有密切关系。如果你仔细观察，会发现蜘蛛很少在大雾天纺丝织网。即使你偶尔看到，它多数是在进行非黏性丝部分的工作，因为如果黏性丝被雾气弄湿了，就会溶解成碎片，失去作用。说起来，黏性丝对湿度具有高度敏感性的这种特点，倒很适合蜘蛛的捕食方法呢。为什么这么说？因为蜘蛛大多在天气晴好的白天捕食，这时候昆虫们比较活跃。如此烈日高照的天气，大气中还是会有湿气存在，而且它会慢慢渗入黏性丝。原先的黏度虽然降低了，但却会按照自身标准稀释丝管里变浓的液体，

仍然能让黏液渗出管外，保持蛛丝的黏度。

蜘蛛纺丝不但"工艺"高超，而且工作热情也相当高！拿角形蛛来说，每当它重新编织新网，一次就要产20米黏性丝；丝蛛则更多，有30米。在结网的两个月时间里，角形蛛每天晚上都辛辛苦苦地工作，重新编织它的丝网，生产了大约1000米螺旋形的黏性蛛丝，真是个令人吃惊的数字！我对蛛丝的了解还太少了，真希望以后有更出色的研究者，拥有更先进的设备，有比我更好的视力，能够进一步探寻蜘蛛的秘密，尤其是告诉我们，蜘蛛那神奇的"拉丝车间"是如何进行工作的，为什么能在头发般的细丝里，不但留有中空的管子，还在其中注满黏液，并且聪明地把蛛丝弄成富有弹性的螺旋形？这些问题实在太有趣了，将来的解剖学家和生物学家，看你们的了！

蜘蛛的"信号线"

　　我曾经观察过6种蜘蛛，它们都以蛛网捕食。其中，只有两种蜘蛛不怕日晒，始终待在蛛网上。其他蜘蛛大白天都躲在网旁边的灌木丛里，静静地守候着，到了晚上才出现在网上。但是，蜘蛛白天不在网上的时候，是昆虫活动最频繁的时候：蝗虫跳得格外起劲，蜻蜓飞得特别轻盈，所以蜘蛛的捕虫网也最容易有收获！如果有什么飞虫被蛛网粘住了，躲在灌木阴凉中的蜘蛛能及时知道吗？放心吧，你瞧，蜘蛛第一时间就赶来了。

　　蜘蛛是看到了猎物落网，还是通过其他方法察觉到了动静？下面我就用一个实验来告诉你。在一只彩带蛛的蛛网上，我放了一只死蝗虫，位置离网中心的彩带蛛非常近。但是这位猎手一动不动，看上去对猎物毫无察觉。于是我用麦秆轻轻碰一碰死蝗虫，网随之颤动起来，瞧，彩带蛛迅速跑了过来。我

还对丝蛛等其他蜘蛛做了这个实验，结果都一样。我想，是不是因为蝗虫的颜色比较灰暗，不容易看清楚呢？于是我用一小截红毛线做实验，蜘蛛们的反应还是和上次一样——只要红毛线不动，蜘蛛们就没反应，可当我用麦秸触碰红毛线时，蜘蛛们就会立刻跑来。当时的情形还很有趣，有的蜘蛛是些笨家伙，它们来到红毛线跟前时，先不管三七二十一，把这个略微有些奇怪的东西缠了起来，之后才下口咬了咬，发觉不对，于是讪讪地走开了。而有的蜘蛛比较"聪明"，它们跑过来后，先碰碰猎物，发现是没什么用处的东西，就立刻抛下了，才不去浪费自己宝贵的丝呢！

通过实验我发现，只要网发生了颤动，即使藏在远处树丛中的蜘蛛，都会及时赶来。它们获取消息的方法是什么？之前的实验已经证明绝不是靠视觉。你想，它都跑到猎物跟前了，还需要触碰或者咬一下才能了解猎物，所以眼力肯定不好。况且蜘蛛也常在夜里捕食，更不可能通过"看"这种方法来发现猎物了。

我仔细观察发现，蜘蛛从网的中心，拉出了一根丝线，略向上一直延伸到自己藏身的地方。这根丝线只和中心点有粘连，并没有碰到其他地方。看来，这根丝线是蜘蛛往来藏身处和蛛网间的桥梁。但是如果只是为了走路，这根丝线为什么不搭在蛛网的最外边呢？这样不是更方便吗？原因很简单，这根丝线还有更重要的作用，那就是传递消息。

蛛网的中心点和所有的辐射丝相连，网上任何地方有颤动，都能传导到中心点，然后通过"信号线"告诉躲藏在附近的蜘蛛。下面我们就来看看这种消息传递方式有多棒吧。

我把一只蝗虫放在蛛网的黏性丝上，蝗虫拼命挣扎，企图逃脱，这使得蛛网晃动起来。很快，蜘蛛就从隐蔽处跑出来了，它通过"信号线"来到网上，然后奔向蝗虫，最终制服并吃掉了猎物。过了几天，我又来跟蜘蛛"捣乱"：我同样在网上放了一只蝗虫，但是剪断了那根"信号线"。蝗虫挣扎得非常厉害，网拼命晃动，可是蜘蛛一直没有出现。

也许有人提出疑问：是你剪断了那根丝线，所以蜘蛛没法跑过来了。但这个理由说服力不强，因为蛛网和蜘蛛躲藏的枝条间连接得非常紧密，蜘蛛想跑过来太容易了！我认为只有一个理由：失去了"信号线"的蜘蛛，压根儿不知道有猎物落网。

我耐着性子继续观察，想看看最后的结果到底是什么。蝗虫挣扎了一个多小时后，也许是蜘蛛觉察到哪里不对劲，主动现身来了解网上的情况了。它踩着其他丝线来到网中间，立刻感觉到了落网的蝗虫，纺丝把它捆绑了起来。接着，它又重新拉出了一根"信号线"。

当然，这种"信号线"不是所有的蜘蛛都用，比如说蜘蛛年幼时就没有，它这时警惕性高，精力好，而且它织的网不太结实，常常一天下来就破破烂烂了，也不需要拉什么"信号线"。只有到了蜘蛛"年迈"喜欢打盹的时候，为了兼顾休息和捕猎，这才开始使用"信号线"，以便睡觉时也能监控网上的情况。

　　下面再来说说，蜘蛛休息时，怎么操纵"信号线"呢？原来，它将一只后步足从隐蔽处伸出来，踩在"信号线"上，这样一来，即使背对着蛛网，它也能及时觉察到动静。关于蜘蛛的"信号线"，我们说了很多，但是你有没有想到一个问题：蛛网非常轻，一阵微风就能让它晃动，有时甚至晃动得很剧烈，躲在暗处的蜘蛛肯定能感觉到，它怎么知道不是猎物落网，所以按兵不动呢？这只能说蜘蛛的感知力非常敏锐，它能够清楚地分辨是风吹动了蛛网，还是猎物挣扎振动了蛛网，太厉害了！

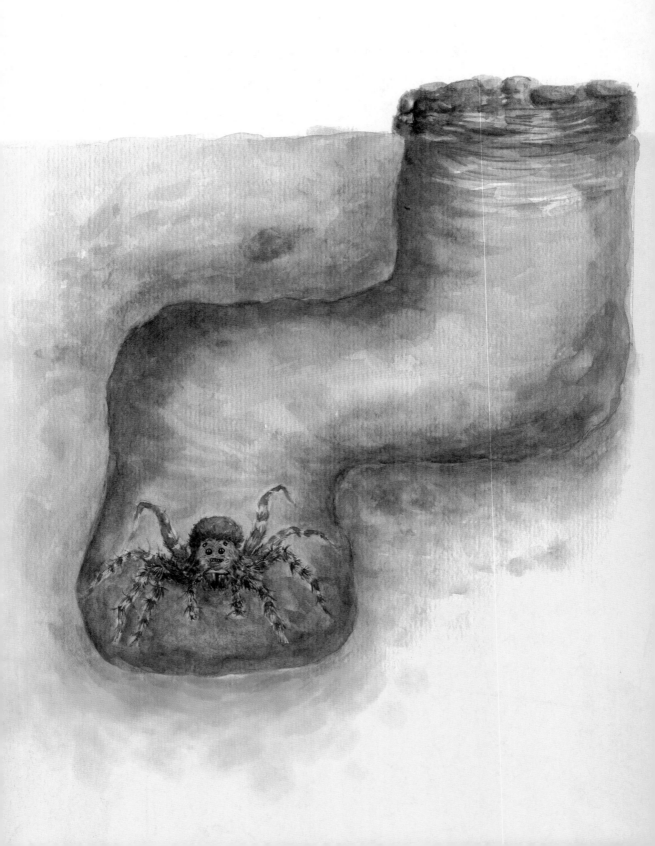

活捉狼蛛

　　说起蜘蛛，很多人都会露出害怕的表情，一旦看到它们就会赶紧离开或一脚踩死。不过也有人对蜘蛛十分欣赏，说蜘蛛手艺高超，是织网的巧手。不管怎么说，这些八条腿的小家伙很值得研究一番。就拿它们让人害怕的主要原因："有毒"来说吧。其实蜘蛛的有毒螯牙虽然能让猎物很快死去，但是对于人类来说并没有那么可怕，至少在我生活的地区大多数蜘蛛是这样的。

　　在蜘蛛大家族中，狼蛛是最让人闻之色变的。据说一旦被它咬了，就会浑身痉挛，十分吓人，只有专门的音乐才能治好。我对这个治疗方法既不盲目相信，也不断然否定，我要通过自己的观察和实验来验证。

　　在讲述我的实验前，我们还是从大师杜福尔对狼蛛的描述开始吧——

卡拉布尼亚狼蛛喜欢生活在没有作物、干燥朝阳的地方。它是挖掘的好手，能在地下挖出深深的槽沟般的洞穴。这个洞穴一开始是垂直的，到了一定的深度就横过来，然后又继续垂直。狼蛛会在洞口用黏土和木屑建一个管状的建筑物，一方面可以防止水流进洞穴，另一方面还能避免被风吹来的异物堵住洞口。这个建筑物还可以成为一个陷阱，万一哪个倒霉的家伙在这里落脚休息，狼蛛就会发起突袭，将它捕获。

　　我想抓几只狼蛛，可是用了几个小时的时间，用刀子不停地挖开狼蛛的洞穴，却一无所获。看来这么做不行，我要想个巧妙的法子……有了！我找到一根上面还有麦穗的麦秆，在狼蛛的洞口轻轻摩擦、晃动，引诱狼蛛。狼蛛果然受到了这诱饵的吸引，小心地走向麦穗。我把握好时机，把麦穗往上一拉，正紧盯着麦穗的狼蛛来不及反应，也跟着猛地跳出了洞口。我

赶紧封住狼蛛的洞口，它无处可逃，只能进了我的纸袋。

可是，有时候狼蛛不太饿，对猎物没那么迫切，它们面对我的引诱就会十分谨慎，躲在洞里怎么也不肯出来。这时我就先辨清狼蛛的位置和它的洞穴走向，接着用刀在它身后猛地插进洞穴，断了它的后路。面对这突发情况，狼蛛吓坏了，要么迅速逃出洞穴，要么贴在刀片处一动不动。这时我用力把狼蛛连土一起掀起来，远远地抛出去。只要到了地面上，狼蛛只能束手就擒。

狼蛛看起来可怕，其实非常容易驯养，我就曾亲自养过。那是一只雄性狼蛛，我把它放在玻璃瓶里，瓶口用纸封着，瓶底有纸袋做的起居室。狼蛛很快适应了玻璃瓶里的生活，甚至在我伸手将苍蝇喂给它时，它还敢从我的指间把活着的苍蝇抓走。

我想看看狼蛛间的战斗，便将两只雄性狼蛛放在一起。

它们各自在瓶底游走了几圈，一心想逃走，见没地方可逃，便摆出战斗的架势，亮出胸部的盾牌，互相用目光对峙着。接着它们腿脚缠在一起搏斗起来，还用螯牙进行攻击，打累了就休息一会儿，接着再战，直到有一只倒下，成为胜利者的口中食……

在我生活的地区没有杜福尔描述的这种狼蛛，但这里有同样厉害的黑腹狼蛛。我常在荒石园里看见它们，它们的大眼睛闪闪发光，像亮闪闪的金刚钻。如果我想找到更多的狼蛛，只要去离家几百步远的高原上。那里原本是绿树蔽日的森林，现在却变成了荒凉的土地，为了多种葡萄，人们毁坏了森林。

这里是狼蛛的乐园，我在一块很小的地方就找到了 100 个狼蛛的洞穴。这些洞穴外同样建有"防御工事"，材质多样，看得出狼蛛找到什么就用什么，然后吐出丝来把它们固定住。

杜福尔说的用麦穗诱出狼蛛的做法很难，我试了几次都没成功。狼蛛很警惕，它们并不容易上当。我想用他说的第二种方法，但是这片土地质地坚硬，刀根本插不进去，所以我只好放弃了。

看来，我得自己想点别的办法。后来我真的想出了两种办法，试用以后效果还真不错。如果你也想捉几只狼蛛，不妨试试吧。

第一种方法：我把一根带穗的麦秆，尽可能深地伸进狼蛛的洞穴里，轻轻转动。出于防卫本能，狼蛛用螯牙咬住了麦穗。我小心而缓慢地把麦秆往外拉，狼蛛不松口，用脚扒住洞壁，用力往下拉。就这样上上下下好多次后，我把狼蛛拽到了洞穴的垂直部分。

这时我要悄悄躲开，不能让狼蛛发现，而且不能再这样慢慢拉了，一旦狼蛛感觉到自己是在被拖出洞口，就会立即扔掉麦穗退回去。我突然用力，猛地把麦穗拉出来，而咬住麦穗的狼蛛来不及松口，一起被带了出来。掉在地上的狼蛛被吓呆了，连逃命都忘记了，于是我轻而易举就把它赶进了准备好的纸袋里。

上面这个方法不但要细心，还要有耐心，下面说的这个方法就简单多了。我先捉一只活的熊蜂，把它放在小口的玻璃瓶里，这个瓶口要和狼蛛的洞口差不多大，能正好封住。接着，我把玻璃瓶倒过来，对准狼蛛的洞口。正在玻璃瓶里拼命挣扎的熊蜂，一看到有个洞，立刻钻了进去。这下它倒霉了，正好被往上爬的狼蛛逮个正着。

短暂的悲鸣之后，洞里安静下来，我知道熊蜂和狼蛛的战斗结束了。我拿走玻璃瓶，用长柄镊子伸到洞里，把已经死掉的熊蜂往外拉，狼蛛跟在后面也爬了出来——它实在不愿放弃已经到手的美味。有时候狼蛛也会很谨慎，刚出洞口又立刻转身回去。没关系，只要你把熊蜂放在附近，狼蛛一定会耐不住食物的诱惑，重新爬出来。当狼蛛离开洞口后，你只要趁机堵住它的退路，狼蛛就再也逃不掉了。

关于捕捉狼蛛，我先说到这里，接下来我还会就狼蛛的捕猎以及毒性问题进行实验，大家耐心看下去吧，非常有趣哦。

用毒高手狼蛛

　　狼蛛是蜘蛛家族中最彪悍的一类，它们虽然没有蛛丝这有力的捕猎工具，但是凭着无比的勇气和厉害的毒汁，狼蛛照样成了名副其实的捕猎高手。

　　狼蛛选择的捕猎对象，大多身强体壮，几乎和狼蛛有一样的好身手。像胡蜂、蜜蜂、熊蜂……无论从武器还是体型上来说，它们都和狼蛛势均力敌。其他蜘蛛在捕猎时，凭着特有的蛛网，能够缠住猎物，蛛网主人只要悄悄躲在一边，趁机上前用毒牙袭击猎物一下，再赶紧撤退，接着再来一下，直到猎物完全不能动弹了，才放心上前享用。

　　对于赤手空拳的狼蛛来说，捕猎更需要真本事和好运气。它面对猎物，必须灵巧地控制住对方，同时以迅雷不及掩耳之势杀死对手——速度和准确性是决定胜败的关键。这一点从我用熊蜂诱捕狼蛛的实验中就能看出来。那只熊蜂是我精心挑选的最厉害的一只，它的螫针和狼蛛的螯牙一样厉害，但是尽管如此，面对狼蛛，熊蜂还是瞬间丢了性命。

为什么狼蛛总是能取得成功，并保证自己毫发无伤呢？它一定有某种技巧。就算它螯牙上的毒汁再厉害，我也不相信它只要对着猎物随便一扎，就能立刻结束战斗。即使是毒性非凡的响尾蛇，毒性完全发作也需要几个小时的时间啊。可见狼蛛一定是找准了对方的关键部位，才能一击得手的。

那么，是什么部位呢？我之前用熊蜂诱捕狼蛛时，厮杀是在地下进行的，没法看到具体情况，而之后用放大镜查看熊蜂的身体，也找不到任何伤口——狼蛛的武器太细小了，根本不可能留下伤痕。看来，我必须想办法近距离观察双方的搏斗，才有机会亲眼看到真相。

说干就干，我试着把一只熊蜂和一只狼蛛放在同一个玻璃瓶里，但它们始终远远地避开对方，就想着怎么逃出去。难道是我的玻璃瓶太大了，让熊蜂和狼蛛有了避开对方的空间？那我就缩

小"竞技场",
给它们换了一个小
些的试管,底部只能
容一方呆在那里。我想,这
下它们之间要发生激烈的战斗了吧。

是的,战斗的确发生了,但不是你死我活的那种厮杀,只是强烈的相互排斥。当熊蜂在底部时,它就仰躺着,用腿把靠近的狼蛛顶开,但根本不亮出螯针;狼蛛也尽量用脚抵住试管的四周,让自己远离熊蜂。如果狼蛛掉到了试管底部,它就把腿收拢起来,保护自己,抵挡敌人,但同样没有使用螯牙。离开了自己的洞穴,狼蛛似乎失去了安全感,拒绝捕猎行动。看来,实验必须在狼蛛的城堡里才能进行,可是那样我如何观察呢?我找到一个能引起狼蛛兴趣,但是又不会进入狼蛛洞穴的猎物——紫色木蜂。它体型比熊蜂大,螯针非常凶狠,人被它扎一下,皮肤立刻就会又肿又疼。

我找了一些瓶子,把紫色木蜂一只一只分别放了进去,然后像之前用熊蜂诱捕狼蛛一样,把瓶子倒扣在狼蛛的洞口。木蜂在瓶子里发出响亮的嗡嗡声,狼蛛很快就发现情况,悄悄地爬了上来。但它观察着,等待着,久久没有行动。我在炎热的太阳下悄悄盯着几个瓶子,一个小时又一个小时过去,期待的事情还没发生。

但是,在漫长的等待中,幸运之神终于降临了!一只狼蛛

大概太饿了，顾不得危险，突然跳出洞口，进了玻璃瓶。木蜂和狼蛛的大战开始了，但几乎在眨眼间便宣告结束。木蜂死了，狼蛛还没放开对手，它的螯牙依然插在木蜂脖子后面的根部——这里是木蜂的生命中心，一旦被毒牙咬中，木蜂就会立刻死去。后来我又看到两次类似的搏杀，狼蛛螯牙进攻的都是相同部位。

尽管我知道了狼蛛的进攻手段，但我还想知道，如果它的螯牙咬中对手身体的其他部位，会有什么结果呢？我用镊子轻轻夹住狼蛛，把需要它咬的木蜂的那个部位放在它嘴边。

结果是这样的：当木蜂颈部被咬时，会立刻死掉；

如果是腹部被咬，刚开始木蜂还能乱飞，但半小时后死掉了；换作背部或侧面被咬，木蜂失去了活动能力，只能伸伸腿，到第二天依然会死亡。我用蝗虫、螽斯和距螽进行了同样的实验，结果大致相同。

现在，我们就能够理解为什么狼蛛面对猎物，那么有耐心了，因为万一遇到的是木蜂这样的对手，而第一次进攻又没有击中颈部，那么猎物就会在挣扎间，继续操纵螯针进行反击，那是很危险的。我曾经看见一些

狼蛛由于下口处离螯针太近，害得嘴巴被蜇，结果一天以后就死了。

大家是不是很想知道狼蛛的毒液到底有多厉害？我也很想知道，于是便捉了一只麻雀，让狼蛛咬了它一口。很快，伤口四周变红了，接着由红转紫，被咬那边的腿失去了力气，麻雀只能单腿蹦跳了。但是它的胃口似乎没受到影响，第二天甚至还会自己要吃的。我以为它很快就会康复呢，谁知到了第三天，麻雀开始拒绝进食，浑身羽毛松软，一动不动，还不时发生痉挛，最后竟死去了。

麻雀死的这天晚上，家里的气氛有些冷，大家都怪我太残忍，为了研究和实验，牺牲了麻雀可爱的生命。唉，我自己也觉得良心受到了谴责，尽管如此，我还是不愿放弃自己的研究。我捉了一只正在菜园里糟蹋莴笋的鼹鼠，让狼蛛咬了它的嘴角。鼹鼠显然很难受，不时抬起前爪来擦脸，后来它吃得越来越少，到第二天晚上，开始吃不下东西，36小时后，同样死了。

狼蛛还能让哪些动物中毒死去呢？我没有继续研究下去，但是根据观察结果来推测，如果人被狼蛛咬伤，后果一定也很严重。希望我的实验对医学界能够有所帮助，让医生们在治疗狼蛛咬伤时，找到更加有效的方法！

纳博讷狼蛛和它的孩子们

　　8月初的一天，我突然听到在荒石园的尽头、一丛迷迭香附近，几个孩子大声地叫我，似乎有什么意外发现。我赶紧过去，原来孩子们遇到了一只很大的纳博讷狼蛛。这种蜘蛛性情凶猛，被称为"自然界的冷面杀手"！

　　这只狼蛛的肚子看起来鼓鼓的，应该是要产卵了。只见它顾不得孩子们的围观，正大口吞嚼着什么。我从那食物的残块中看出了：它正在吃自己孩子的爸爸。纳博讷狼蛛的婚姻常常以这样的悲剧收场：雄狼蛛完成繁衍后代的任务后，便会被雌狼蛛吃掉。

　　我小心地捉住这只雌狼蛛，把它放在一个铺着沙土的罐子里，上面用纱罩罩住。

　　大约10天后的一个早晨，雌狼蛛开始为产卵做准备了，在巴掌大小的沙土上，一个丝网已经织好，在这张网上，狼蛛正制作着一块大圆台布。只见它肚子起伏着，不停地四下摆动，每一次都力争伸到最远的地方。通过往复交织，一块像样的台布织好了。然后，狼蛛用同样的方式织出了一个丝垫，接着，雌狼蛛不断加厚丝垫的边缘，使得丝垫越来越像盆子的形状。

雌狼蛛要产卵了，它一次性把所有的卵都排在了丝盆里。卵是黄色的，一个个粘连在一起。产卵完毕的雌狼蛛继续纺织，把丝盆的上面封起来，变成了一个丝质卵袋。卵袋颜色洁白，大小如樱桃，摸上去柔软而有韧性，里面没有厚暖垫，因为狼蛛的孩子在当年秋天就会出生。

产卵完成后，雌狼蛛把卵袋用一根丝粘连着，拖在身后。接下来的日子里，雌狼蛛随时随地带着这个卵袋，一点都不嫌烦。偶尔卵袋脱落了，雌狼蛛就赶紧再扯出一根丝，把它粘住，

真是尽心尽力！

　　我试图用镊子从雌狼蛛那里"抢"走卵袋，它立刻紧张地把卵袋护在胸前，抓住镊子不放，拼命用牙齿咬。虽然于心不忍，但为了研究狼蛛，我还是狠心地从愤怒的雌狼蛛那里把卵袋抢走了，接着迅速扔给它另外一只狼蛛的卵袋。果然不出所料，只见雌狼蛛毫不犹豫地抱紧新卵袋，把它挂在自己的纺丝器后面，自以为胜利地离开了。对于狼蛛来说，只要有一个卵袋就行，管它是谁的呢！

我的实验还没结束呢！第二次，我如法炮制，只是这回扔给狼蛛的是圆网丝蛛的卵袋。两种卵袋颜色和质地很相似，但是形状完全不同。可雌狼蛛没有注意到差别，当它看到圆网丝蛛的卵袋后，照样粘好，拖着跑来跑去。直到孵化期来临，它才发现异样，扔掉了那个卵袋。

我想知道狼蛛到底有多"笨"，于是在第三个实验中，用一块磨好的软木代替了卵袋。软木和卵袋的质地明显不同，但因为大小相似，狼蛛照旧糊里糊涂地收下了，甚至还怜爱地抚摸着，然后用丝粘好，拖着到处走。

第四个实验开始了，这次是选择题。我在夺走雌狼蛛的卵袋后，又同时把卵袋和一块软木放在沙土上。狼蛛能认出自己的卵袋吗？答案是它做不到！我试过好几次，并且还换过棉球、纸团，它一概是冲过来胡乱地抓一通，先碰到什么就拿走什么，毫无选择能力！即使我尝试了最醒目的红色线团，它依然接受，可见颜色对它也毫无影响。

9月上旬，卵袋里的卵开始孵化了，从里面爬出来大约两百只小狼蛛。它们纷纷爬到母亲背上，挤挤挨挨，一动不动。狼蛛妈妈驮着自己的孩子，要么在洞里静静地呆着，要么当天气晴好时到门口晒晒太阳，从冬到春，将近半年时间里，它一直这样，即使大名鼎鼎的背孩子的负鼠，和狼蛛妈妈比还是差远了！小狼蛛在妈妈背上，每天吃什么呢？我似乎没看到过它们进食，而且自它们从卵袋里出来后，体型几乎没有变大。生物学的常识告诉我们：任何物质活动都需要能量，那么小狼蛛在六七个月的时间里，虽然生长很慢，也很少活动，但并不是没有活动，它们从哪里获取了能量呢？难道是太阳能？因为雌狼蛛从织好卵袋到小狼蛛出生，经常出来晒太阳，这也许就是在为孩子们补充能量。阳光首先唤醒了卵中的生命萌芽，继而在小狼蛛出生后，持续给它们提供能量，维持着新生命的活力。看着雌狼蛛身上这么多孩子，我不由想：它们会掉下来吗？万一跌落，它们该怎么办呢？妈妈会伸出援手吗？别急，下面我会通过实验，让大家一一看到。

　　我用一把刷子，把雌狼蛛背上的孩子全扫了下来。这时雌狼蛛没什么反应，该干吗干吗，压根没想到要找回孩子。反倒是小狼蛛们，迅速跑动，顺着妈妈的腿重新爬回背上，一只都没迷失。

　　第二次，我把一群小狼蛛扫到另外一只雌狼蛛身边，结果这些小狼蛛立刻爬上陌生母亲的背，和"别家的孩子"挤在了一起。那位新母亲也没拒绝，似乎很乐意接纳这些孩子。由于增加了许多孩子，这

只雌狼蛛简直被覆盖得变了形，都看不出蜘蛛原本的形状了。看来，雌狼蛛十分"心胸宽大"，谁家的孩子都来者不拒；而小狼蛛也挺"没心没肺"，谁做自己的妈妈都行。

我曾经把狼蛛身上跌落下来的孩子，放到一只橘黄色的圆网蛛跟前，结果这些孩子还是不管不顾地往圆网蛛身上爬。圆网蛛可没有背孩子的习惯，它不断抖动腿脚，把妄图爬上来的小狼蛛甩出去。可小狼蛛还是奋不顾身地爬，有几只甚至成功爬了上去。圆网蛛难受极了，它索性在地上打起滚来，把小狼蛛压得非死即伤。直到彻底摆脱小狼蛛的"骚扰"，圆网蛛这才罢休。

总之，通过不同的实验，我基本可以确定：狼蛛妈妈虽然愿意长时间背着孩子，但和孩子之间没有什么感情；而孩子也对"妈妈"丝毫不挑剔，只要有宽阔的后背，就是自己的妈妈。

这些行为虽然奇特而令人费解，但既然符合生存之道，就顺其自然吧！

蛛蜂的持久战

　　砂泥蜂捕捉黄地老虎幼虫、节腹泥蜂寻找象虫……这些捕猎者和猎物之间的关系，犹如凶狠的屠夫面对胆小的绵羊，结局毫无悬念。我很想看看，如果一个捕猎者遇到的猎物，和自己一样武器厉害、性情狡猾、善于打伏击战，它该怎么办呢？你死我活的搏斗会发生吗？我想一定会，而且结局也几乎可以肯定。我们曾说到过，凶狠的黑腹狼蛛能够一招制服同样厉害的木蜂，而本篇中的蛛蜂，以无比的耐心，又成了包括狼蛛在内的蜘蛛的克星。

　　蛛蜂给自己的宝宝准备食物时十分挑剔，它们只愿意捕捉蜘蛛。虽然蛛蜂有螯针，但是蜘蛛们也有螯牙，它们真可以说一个是麻醉高手，一个是职业杀手。尽管蜘蛛狡猾而善设圈套，但是蛛蜂似乎更技高一筹，最终在战斗中赢得了胜利。

　　在我居住的地方，有一种捕猎蜘蛛的环带蛛蜂，它们身穿

黄黑相间的外衣，腿细细长长。夏天来临时，我常在
田地间看到它们，总是一副昂首阔步、无所畏惧
的样子。经过长时间的跟踪、等待，我终于
亲眼看到了环带蛛蜂叼着猎物的情景，
那猎物正是以毒闻名的黑腹狼蛛。

不过，我没能看到最重要的蛛蜂和狼蛛交战的情形。蛛蜂用了怎样的方法，才捕获了这么可怕的对手呢？它是以身犯险，钻进了狼蛛的洞穴吗？我想不会，那样太莽撞了，狼蛛凶狠着呢，它们在洞底伺机而动，随时会发起攻击！那么，是在洞外诱捕的吗？似乎也不可能，因为狼蛛很少在洞外乱逛，我整个夏天几乎没在外面见过它们。一直到蛛蜂不再出门的深秋，狼蛛才会背着孩子，到洞外来散散步。既然如此，我们就无法解开其中的秘密了吗？

别急，我们不妨先撇开它们这一对，来看看其他同类的情况吧。也许从那里能够找到我们需要的答案。

我住在奥朗日时，花园的围墙十分破旧，有的地方还坍塌了，这倒正好成了蜘蛛安家的乐园。这群蜘蛛叫类石蛛，浑身乌黑，长着一对闪亮的金属绿的有毒螯牙。它在墙角布下了漏斗状的网，一根管子在纱网后面，直通到墙洞里。类石蛛将两条后腿伸到管子里撑住身体，其他前腿向着洞口张开，细心感觉着网上的动静。一旦有昆虫掉进陷阱，它就从身体里拉出一根细丝，保持着身体平衡，向猎物跳过去，然后用螯牙对准猎物的后脖子咬下去，再把它们拖回窝里。但是，有一种在力气和体型上都远远小于类石蛛的尖头蛛蜂，却向类石蛛发起了挑战。这是我冒着7月的酷暑，亲眼观察到的哦！因为捕猎过

程危机重重，所以尖头蛛蜂非常有耐心，因此我也只能为它的耐心，付出心甘情愿被阳光炙烤的代价。

快瞧吧，蛛蜂来了，它拍打着翅膀，四处搜索着。它来到类石蛛的网附近了，躲在洞里的类石蛛闻声而动，出现在管子的入口处，还是像以往捕猎时那样，拉开架势，准备迎战。蛛蜂面对强敌，后退了一点，然后小心地游走、观察，能粘住其他昆虫的蛛网对它似乎毫无威胁。不过，蛛蜂徘徊了一阵后便离开了，类石蛛也退回到了管子里。过了一会儿，蛛蜂又来了，类石蛛再次启动警戒，为了便于攻击，它还把半个身子探出了管子。这时，蛛蜂又走了，类石蛛也只好再次"收兵"。没一会儿，蛛蜂再次前来，也许是类石蛛太生气了，它系着"安全带"，猛地跳了出来，落到了离洞口大约20厘米处的蛛蜂跟前。蛛蜂似乎被吓了一跳，赶紧逃走了，类石蛛凯旋。

如果观察到此为止，恐怕我要得出结论：类石蛛战胜了蛛蜂呢！幸好我的观察还在继续，那一次蛛蜂的无功而返并不代表失败，更多次，我看到蛛蜂屡次挑衅类石蛛后，突然上前，对着类石蛛露在管子外的腿猛地咬下去，想把类石蛛拽出来。不过类石蛛的后腿扒得很紧，它下意识地跳起后退，这时蛛蜂不敢不松口，因为类石蛛的毒牙很可怕，蛛蜂也不敢冒险。

大家别替蛛蜂着急，不是有句俗话叫"坚持就是胜利"吗？虽然蛛蜂失败了很多次，但机会一定有！看，胜利在望了，蛛蜂再次咬住类石蛛的腿，用力一甩，成功地把类石蛛拉出来甩了出去。突然被摔到地上的类石蛛立刻蒙了，竟然把腿收起来，缩在土缝间一动不动。这下它完蛋了，蛛蜂上前在它胸部蜇了一下，轻松解决了它。

唉，真令人难以置信，在蛛网中勇猛无敌的类石蛛，一旦离开了自己的势力范围，居然立刻放弃了抵抗，束手就擒。也许蛛蜂正是知道它的这个特点，所以才千方百计，要把它们从窝里拽出来，摔到地上。能做到这一点，就万事大吉了。

好了，说完了尖头蛛蜂捕捉类石蛛的过程，我们再回到环带蛛蜂猎捕狼蛛的问题上来。我可以推想出这样的情景：环带蛛蜂先是在狼蛛巢穴四周反复挑逗，引得狼蛛从洞底跑出来，以为外面来了什么可口的猎物。狼蛛把前腿伸出洞外，随时准备一跃而出。可是没想到这正中了环带蛛蜂的诡计，环带蛛蜂抓住狼蛛的一条腿，用力把狼蛛拉出洞外。这下子，狼蛛就像类石蛛一样，立刻变成了缴械投降的胆小鬼。

如果说蛛蜂很高明，知道对手一旦出洞就会毫无战斗力，从而轻松获胜，那么蜘蛛为什么千百年来却没有进化得聪明一点呢？它们只要在蛛蜂来的时候不理会就可以了，为什么要激动地跳出来呢？也许别无理由，这就是大自然的神奇安排吧。

色厉内荏的蝎子

蝎子生性孤僻，是那种不怎么讨人喜欢的家伙。虽然通过解剖学的研究，人们对它的生理结构已经很了解了，但是却几乎没人知道它那隐秘的生活习惯。

由于蝎子在人们印象中是很可怕的，所以后来渐渐把它神化，甚至让它成为10月的象征。在节肢类昆虫中，蝎子的确很值得研究。记得我第一次见到朗格多克蝎子，已经是50多年前的事了。那是在罗讷河畔的维勒尼弗山岗上，我正在山上找蜈蚣，因为我的博士论文主角是它。可是往往当我翻开石头时，蜈蚣没看到，倒看到了令人恐怖的隐士——蝎子。它高高卷翘的尾巴上，挂着可怕的毒针，举在头顶的两只大螯钳令人生畏，我吓得赶紧把石头压回去。

虽然当时我没敢细看蝎子，但心里却隐隐有种感觉：总有一天我会把它研究清楚的。

这一天终于来了，虽然有点晚，但也没关系。在我家附近生活着很多蝎子，它们喜欢植被很少、岩石成片的高温地区。蝎子喜欢独居，如果你在哪块石头下发现两只蝎子，那么其中一只肯定正在被另一只吃掉。

这天，我带着小铲子，挖开了黑蝎子的地洞。暴露在阳光下的黑蝎子挥舞着螯钳，一副张牙舞爪的样子。我用镊子小心夹住它的尾巴，把它放进了一只结实的纸筒里。这种黑蝎子在秋天的多雨时节，常常跑进民居，甚至钻进人们的被窝，吓得人们大呼小叫，其实它并不一定会伤人，就是看着可怕。

下面我们再来说说郎格多克蝎子。它身体金黄色，最长能达到八九厘米，算得上蝎子家族的巨人。它同样喜欢独居生活，不过从不跑进人们家里，在它尾巴第五节的后面，有一个小口袋似的尾节，这是它的毒囊，毒囊末端有一根尖利的弯钩状的螯针。如果你在放大镜下面看，就会发现螯针靠下的地方有个小孔，毒液就是从这里流出来，注入猎物体内的。

平日里蝎子总是高高地翘着尾巴，倒不是为了耀武扬威，而是它的毒针是弯钩形的，针尖朝下，所以要想使用这个武器，必须把尾巴抬起，由下往上朝前拍打。蝎子无论休息还是活动，总是保持这个"战斗"姿势，很少将尾巴放下来。如果你观察过蝎子，还会发现，它走路时两个螯肢总是伸在前面。这是因为蝎子有严重近视加斜视，几乎就是个半瞎子吧，所以需要摸索着前进。另外，这样的行走姿势还有个好处，就是能随时保持"战斗"状态——一旦有猎物，螯肢立刻张开并抓住猎物，接着尾巴往前一拍，毒针就刺了进去。

考大家一个有趣的问题：如果两只蝎子相遇，后果会怎么样？会不会来一场毒针大战？那就来看看我养在网罩里的蝎子吧。这天，两只蝎子在前进时，螯肢无意中碰到了对方，它们立刻一哆嗦，像受到了莫大的惊吓，赶紧后退并绕路走，根本没打起来！是不是很出人意料？原来蝎子是色厉内荏的家伙啊！再来说一个人们对蝎子的误解吧。蝎子在很多人的印象里，霸道、爱争抢、贪吃。其实蝎子不是这样的。刚才已经说了，蝎子之间不爱打架，并且在进食方面，蝎子也很节制，定时定量有规律。在每年的10月到来年4月间，由于天气寒冷，蝎子基本都蜷缩在洞里，从不出来。这几个月就算你把美味放在它面前，它也不为所动，甚至还会用尾巴将食物扫出去。

当3月底4月初天气转暖后，蝎子才逐渐恢复食欲。它的猎物一般是千足虫、石蜈蚣等，每餐之间要隔很久。

我想，是不是野外的艰苦条件让蝎子不得不节衣缩食呢？现在我饲养的蝎子食物充分，我能看到它们凶猛捕猎、大快朵颐的场面吗？我失望了，蝎子的饭量太小了，而且胆子也小得可怜，卷心菜里飞出的粉蝶拍拍翅膀，也把蝎子吓得够呛。

一开始，我不了解蝎子的性格，特意挑了个头较大的蝗虫喂它们，结果蝎子一点不感兴趣。可能一来蝗虫肉质太硬，二来蝗虫反抗能力强，对付起来太吃力。

　　后来，我抓了6只蟋蟀来做试验。蟋蟀的口感滑嫩，蝎子应该会喜欢吧。玻璃罩里，蟋蟀争抢着吃生菜，丝毫没觉察出异样，甚至当一只蝎子出现时，蟋蟀也只是随意摆出了一点防御姿态。蝎子用螯肢触碰了一下蟋蟀，没有继续进攻，反而连连后退，接着跑了。之后，6只蟋蟀和蝎子一起生活了一个月，毫发无伤。我又找来蝎子钟爱的黑色千足虫、虎甲，把它们放

在蝎子面前，可惜蝎子还是没什么兴趣。我很困惑，到哪里去给蝎子找个头小，肉质嫩的美味佳肴呢？

5月，我发现了一群野樱朽木甲，我想，一直被我囚禁的蝎子们，该得到一些慰劳了，野樱朽木甲的幼虫就是最好的选择。这次我判断对了！在过了很久之后，蝎子终于开始向我提供的野樱朽木甲幼虫靠近。只是这些幼虫一动不动，蝎子根本用不着出"毒招"，用螯肢夹起食物就往嘴边送。幼虫拼命挣扎，破坏了蝎子进食的雅兴，于是蝎子生气地翘起尾巴，对准幼虫一针下去——幼虫不动了，蝎子这才慢悠悠地继续进食。经过几个小时，它终于吸光了猎物的精华。至于那些干巴巴的渣子，蝎子是拒绝的，偶尔不小心卡在喉咙口，它就伸出螯钳，把渣子清理出来。

每顿饭后，蝎子要很久才会再次进食，而且一年里还有四分之三时间不用吃饭，蝎子真是节约能源的模范啊！如果能将蝎子的习性，运用于人类生活的某些方面，那该多好啊！

致命的蝎毒

蝎子一向以毒闻名。但它在平日的捕猎中并不经常使用毒针，而是直接用螯肢将猎物抓住。如果猎物挣扎得太厉害，影响了进食，蝎子这才用尾巴上的毒针轻轻刺一下猎物，迫使猎物"安静"下来。

当然，如果蝎子遇到强劲的对手，肯定会用毒针的，可是哪些属于强劲对手呢？估计没什么家伙会傻乎乎地闯到石堆下，去向危险的蝎子发起挑战吧？我准备人为给蝎子制造一些交战机会，看看它的毒液到底有多厉害。

首先，我给玻璃瓶里的郎格多克蝎子送去了一只纳博讷狼蛛。这也是一个有毒牙的厉害角色。两者到底谁厉害呢？看起来狼蛛比蝎子体型瘦小，但它动作灵活，还能跳起来攻击，说不定狼蛛在战斗中能占优势。

但事实推翻了我的假设。狼蛛看到蝎子后，直起身子，张

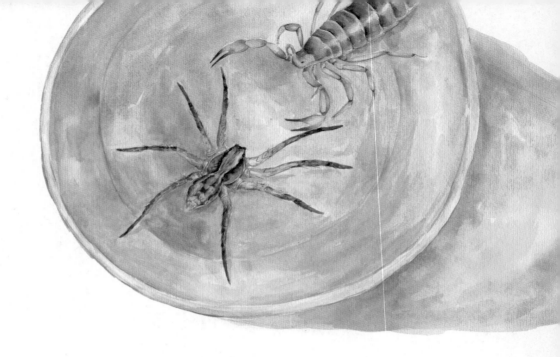

开螯牙，勇猛地冲了上去。可蝎子慢悠悠走过来，长长的螯肢一伸，就把狼蛛给夹住了。狼蛛挥舞着毒螯牙，但够不到蝎子，而蝎子把尾巴一翘，轻轻松松就把毒针刺进了狼蛛的身体。为了让毒液更好地发挥作用，蝎子没有马上拔出毒针，而是轻轻转动着，在伤口里待了一会儿。

转瞬间，狼蛛就浑身抽动，死去了。我一共试了6只狼蛛，每次结果都相同。肥嫩的狼蛛是蝎子喜爱的大餐，足足可以吃一天一夜。

接下来的实验对象是螳螂，平日里它们的生活区域各不相同，蝎子不会跑到植物丛生的地方去，因为在植物枝叶上，它完全没法行走；而螳螂同样不愿涉足蝎子的领地。现在不一样，它们不得不狭路相逢。螳螂和狼蛛的结局一样，很快被蝎子用螯肢抓住了。螳螂张开大砍刀，摆出可怕的姿势，但蝎子不买账，一下、两下，螳螂的两条前腿被毒针刺中了。它从腿开始，紧接着，肚子、尾巴也颤动起来，持续 15 分钟后，螳螂死了。

我很想知道蝎子刺中对手不同的部位，会有什么不同的结果，但蝎子不会按照我的指令行事，它刺猎物完全是随意的，刺中哪儿算哪儿。所以我只好每次都目不转睛，以便看清毒针到底扎中了哪里。多次实验中，我发现我给蝎子提供的几种昆虫，被刺后都死去了，只不过伤口离中枢神经远的，挣扎时间稍长几分钟罢了。

那么，有没有坚持时间长一些的呢？我找到了强壮而不娇贵的蝼蛄。双方见面了，互相盯着看了一会儿，虽然在过去的生活中，它们互不相识，但很快彼此就感觉到了敌意和危险。看，蝎子发起进攻了，蝼蛄也张开大剪刀，翅膀摩擦着仿佛在高歌助阵。可惜蝎子讲究速战速决，它卷起尾巴，对准蝼蛄坚硬铠甲中的一条缝，猛地刺了进去。就这么闪电一击，蝼蛄立刻倒地，腿胡乱地动了几下，身体也抽搐着，不过直到两小时后，它才渐渐死去。

接下来，灰蝗虫被我派上场了。这是蝗虫家族中最大、最活跃的一种。蝎子看起来有些怕这个活蹦乱跳的家伙，而灰蝗虫也紧张地蹦跳着想逃走。可惜灰蝗虫被玻璃挡住了，几次摔下来，落在蝎子的背上。蝎子一开始还极力躲避，但后来实在被逼急了，对准灰蝗虫的肚子来了一针。

灰蝗虫剧烈颤动起来，一条腿都掉了，接着另一条腿也失去了活力。躺在地上的灰蝗虫无力爬起，但一直活到了第二天。

下一个实验对象是葡萄树距蝲。它照例被蝎子刺中了，很快倒下，但坚强的它硬撑了两天，其间还努力想挪动腿脚。这时我忽然想：如果助它一臂之力呢？于是我给距蝲喂了一些葡萄汁。喝过葡萄汁的距蝲似乎真的有好转，我以为它会恢复健康呢！但事与愿违，7天后，距蝲还是没坚持下去。

在我用大孔雀蛾做实验时，发生了一些出乎意料的情况。因为大孔雀蛾浑身覆盖着柔软的毛，蝎子的毒针每次刺下去，似乎都没有造成实质性的伤害，只弄掉一些毛。于是我动手将大孔雀蛾腹部的毛清理掉，再次把它送到蝎子面前。这下毒针直接扎进了大孔雀蛾的腹部。

尽管遭到了毒针攻击，但大孔雀蛾却表现得若无其事。它抓着罩子上的金属纱，整整一天不动，大大的翅膀张开着，但没有颤抖。第二天，大孔雀蛾还是没反应，爪子照旧抓着金属纱。我把大孔雀蛾拿下来放在桌子上，这时，它的身体开始猛烈地抽搐。它要死了吗？

不，虽然有些无力，但大孔雀蛾居然又猛地站了起来，重新爬上金属罩，把自己吊在上面。下午，我再次把它放在桌上观察，它抖动着翅膀，从桌子上滑下去，走向金属罩，又爬了上去。

大孔雀蛾会没事吗？我觉得没那么乐观。果然，过了更长一些时间，它还是走到了生命尽头，从金属纱上掉了下来。

为了了解蝎子的毒性强度，我用许多昆虫做了实验，现在终于轮到最厉害的蜈蚣和蝎子交战了！我找到的这只蜈蚣长12厘米，有24对足，看上去着实令人害怕。不过当蜈蚣的触角无意中碰到蝎子时，它吓得赶紧往后缩，想尽量离蝎子远一点。而蝎子却蓄势待发——尾巴高翘，螯肢张开。当蜈蚣再次跑到场地中间时，蝎子猛地用螯肢把蜈蚣头颈给夹住了。

蜈蚣不停地扭动，身体盘曲，但是无法改变战局，蝎子看似很平静，但螯肢一点也不松懈。接着，毒针出击了，蜈蚣的身体侧面被刺了三四下。这时，我将它们分开，蜈蚣舔着伤口，休息了几个小时，恢复了战斗力，刚才的毒针似乎没伤害到它。

后来蝎子和蜈蚣再次进行搏斗，蜈蚣又挨了蝎子好几针，不过直到第三天，蜈蚣才变得虚弱起来；第四天，蜈蚣奄奄一息了。这时蝎子还不敢去咬蜈蚣，它不能冒险。直到蜈蚣一动不动，蝎子这才放心地肢解猎物……

由此看来，任何昆虫，无论体型大小，只要被蝎子刺中，都难逃一死，最强壮的也不例外，只是死亡时间有区别，这肯定和每种昆虫的身体结构有关。而蝎子的毒液中到底藏着什么秘密，很遗憾，我依然知道得很少很少。

探秘遗传：本能还是天赋

　　在昆虫世界中，膜翅目（比如蜜蜂）的地位无可争议。它们虽然在很多方面表现出色，可如果要评选昆虫界的好爸爸，它们就差得太远了，连食粪虫都比不上。哪怕家里再脏，膜翅目昆虫的爸爸们都不会动一下，好像"无所事事"才是它们应该做的。维护一个家庭很不容易，可是膜翅目昆虫的父亲本能为什么没有被唤醒呢？夫妻协力不是比妈妈一个人单干，要高效得多吗？

　　在讨论昆虫的本能以前，我们先来看看人类的本能问题。如果一个人在某项本能上有超出大多数人的表现，我们就会叫他"天才"。在各个领域，都有这样的天才存在。那么天才的特质到底来源于哪里呢？有人说是来自遗传——在天才的前辈或祖先中，一定也有类似的才能，只是随着时间的推移，发生了一些增减或变化。

　　真的是这样吗？遗传，这个名词听起来充满了神秘感，我很想就这个问题进行一些探究。就拿我自己来说吧，达尔文送

了我"无与伦比的观察家"这个美名，但我真不知自己在什么方面配得上这个称号。不过为了研究遗传的问题，姑且就让我先认为，这个称号对我来说是名副其实的吧。

那么，我对昆虫的无与伦比的好奇心是从哪里来的呢？是应该归功于遗传吗？看来我要多收集一些自己家庭成员的资料了。我来自非常普通的家庭，因此到祖父、外祖父这辈以上，就没有什么确切的信息了。先来说说我的外祖父吧。我没有和他交往过，听说他是个小镇的执达员，所以应该有一点文化，但他每天的工作就是带着笔墨，翻山越岭地去寻找那些缺乏清偿能力的穷人，对昆虫没有丝毫兴趣。他和昆虫最多的接触，恐怕就是在赶路时，用脚底板踩死过几只吧。

我的外祖母没有文化，整日与念珠为伴，那些写有字母的纸张，在她眼里都无异于天书，除非盖有公章，否则根本不能引起她的关注。这样的老妇人怎么会对昆虫感兴趣呢？她和昆虫的相遇，大概就是在洗菜时，发现菜叶上有条虫，然后慌忙把它扔得远远的。

总而言之，我的外祖父和外祖母都不喜欢昆虫。从他们那里，我不可能获得任何遗传。对于祖父和祖母，我倒是知道不少情况。他们都很长寿，但终生都是普通的农民，在一个人烟稀少的地方安了家，守着一块贫瘠的土地。祖父要是知道一个远方的孙辈居然对毫无价值的虫子有无比的热情，整日里观察研究，肯定觉得不可思议。

　　祖母是个严格遵守教规的人，她每天想的就是怎么腌制食品，怎么照顾孩子，怎么喂好那群小鸡……我曾经在祖母身边呆过几年，想起祖母，我就想到了她在大锅里熬的萝卜火腿汤，散发着猪油的香味。祖母也许给我遗传了强健的身体、朴实的品质，但是她肯定不能理解我对昆虫的兴趣。

　　我的母亲是个大字不识的文盲，她接受的所有教育都来自艰苦的生活，所以她经历的一切和我的爱好找不到任何交叉点。

　　至于我的父亲，他虽然勤劳肯干，年轻时也读过一些书，但写起字来简直就是在随意涂画。他是我们家族里第一个受到城市诱惑的人，但是城市却给了他沉重的打击。所以对于这样一个财产有限，也没什么特殊技能的人来说，需要关注的更多是实际问题。当他看到我用大头针把昆虫钉在软木瓶塞上，饶有兴趣地看个不停时，送给我的只有几个结实的耳光。

　　我可以肯定，从家族成员那里，我找不到任何遗传的来源，他们在观察事物方面都极其平凡。但是我从小时候起，就非常热爱观察，对身边的一切都充满好奇。我曾经背着手，面向太阳，一会儿张开嘴，一会儿睁开眼睛，然后认真地告诉大家：是眼睛让我们看到了东西。虽然这个结论换来的是别人的嘲笑，但我不在乎。夜幕下，我听到附近的草丛中有清脆的声音，觉得非常好奇：那是窝里的小鸟在唱歌吗？于是便一晚又一晚守在那里。终于，我有了收获，原来那是一只蝈蝈。以前我只从

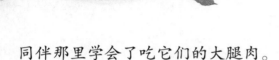

同伴那里学会了吃它们的大腿肉。

就这样，6岁的我每天都用心盯着虫子、花朵……发掘它们的秘密，一种家族中从来没有过的能力在我身上闪耀着光芒。不过，如果没有后来教育的参与，这种才能的光芒一定会渐渐熄灭——学校，能够解释遗传无法解释的事物。我7岁时开始读书，虽然学校破旧简陋，教室几乎是露天的，在文法等各方面都别想有太多收获，但我还是在老师带我们消灭黄杨树边的蜗牛时，观察它们有多漂亮；在帮老师收割草料时，和青蛙有了亲密接触；在敲打胡桃的时候，找到了贫瘠草地为我慷慨准备的蝗虫……命运不会抛弃执着勇敢的人。后来我进了沃克吕兹初级师范学校。颇有远见的校长允许我在完成教学大纲的基础上，可以自由活动。我体会到了自然科学的美好滋味。虽然迫于生活，我不得不做一些其他事情，但是对大自然的观察和研究始终不曾放弃。终于，我的所谓才能开始带来一些微薄的研究成果……

好了，关于我的家族遗传问题就不多说了。我想做些总结：每个人在不同的方面，都会有和别人不一样的印记，这就形成了独特的个人特征，这种特征就在那儿，即使达到了天才的程度，也没人能探清其根源。天赋不可能代代相传，天才的儿子也可能是白痴。我们说到的动物本能，和人类的天赋有些相似，两者都是远远超越平凡的。但本能可以代代相传，是恒久的，而天赋不可能代代传下去，个体与个体之间会出现变化。如果硬要向虫子们寻找答案，它们也许会说：本能就是虫子的独有天赋吧。

蜡衣虫的"独门秘技"

　　动物和人类一样，能通过需求激发才智。它们会根据自然界的变化，或者自己的生存需要，做出超乎我们想象的发明创造。就拿我曾经观察过的一种昆虫蜡衣虫来说吧，平日里它挺普通的，然而为了繁衍后代，它能进行奇异的"变身"！

　　蜡衣虫喜欢生活在大戟上。这种植物生命力顽强，哪怕是在最贫瘠的土地上，它照样长得枝繁叶茂，一派生机勃勃的模样。冬去春来，天气一天比一天暖和，大戟的枝条里，开始生出鲜嫩的汁液，而一堆堆的大戟枯叶里，一只接一只，钻出许多小家伙。它们就是蜡衣虫，好不容易熬过了严寒，它们急着要到枝头饱餐一顿呢。

　　蜡衣虫和蚜虫的生活习性很相似，它长着细针般的嘴巴，能够扎进植物里吮吸汁液，但它不像蚜虫那么光溜溜、胖乎乎，而是穿着一套薄薄的、很易碎的蜡衣。这件蜡衣的颜色大致是

乳白色，款式和颜色算不上特别漂亮，但还是引起了我的兴趣。

可是，怎么得到这些蜡呢？用手直接拿肯定不行，它马上就会碎裂甚至融化。我只好采用一种比较"残忍"的办法：把蜡衣虫直接放进烧开的水里。果然，蜡衣马上熔化成了油状液体，浮在水面上，再过一阵，就凝结成了黄色的琥珀般的蜡块。

为什么原本乳白色的蜡衣熔化凝结后，变成了黄色呢？这是因为它里面的分子结构发生了变化。人类在制作蜂蜡时，为了让它变白，要先把它熔化，倒进凉水中，形成薄片，然后放在太阳下暴晒，这样重复很多遍，才能达到目的。可是你瞧，蜡衣虫从分泌出蜡到做好蜡衣，轻轻松松就完成了"漂白"工作，还是很厉害的！

蜡衣虫的蜡是从它自己的皮下分泌出来的，而且会持续分泌。这些蜡顺着身上的纹路以及一些凹槽，形成了漂亮的蜡衣。有一次我剥掉了一只蜡衣虫的蜡衣，很快它又有了一件新的。说完了制蜡衣的秘技，再来看看蜡衣虫是如何变身的，以及它为什么要变身。原来，到了产卵期，为了更好地保护下一代，蜡衣虫的身体便神奇地"拉"长一倍，前半部分用来进食、消化，维持生存，后面一半则用来孵卵。

当然，蜡衣虫并不是身体长长了，而是它的衣服后摆加长了，并且像威尼斯小船那样，高高地翘起来，里面有宽宽的凹槽，填充着软软的"棉絮"，看起来比羽绒还洁白柔软。这些"棉絮"也是分泌出来的蜡，但它一丝一丝的，铺在一起就像暖暖的软垫。

就在这些"棉垫"上，珍珠般的卵静静地躺着，有的颜色深，有的颜色浅，还有的卵已经孵化出来了，幼虫不安分地动来动去。之所以蜡衣虫的卵和幼虫会并存，是因为蜡衣虫的产卵期非常长，一般要5个月，而卵的孵化速度是很快的，基本三四个星期就完成了。所以当有的卵已经孵化好了，而新的卵才刚刚产生。母蜡衣虫基本一天产一粒卵，那么5个月里，它就会产近200粒卵，数量也不少哦！

小蜡衣虫们在妈妈的暖袋里渐渐长大，它们都要在冬季来临前，穿上一件蜡衣。因此在产卵期的5个月里，不时会看到一只穿着得体的小蜡衣虫钻出暖袋，跑到妈妈身边，然后放心地把尖嘴扎进树皮里，开始美美地用餐。妈妈刚开始会带着孩子们在大戟的枝叶间穿行，让它们熟悉未来要生活的地方。等孩子们再大一些，觉得可以离开妈妈了，就会分散开去。当然，妈妈对它们的爱一点没变，那间小小的"育儿室"永远对孩子们开放，只要它们把门口的"棉絮"稍微拨拨开，就能轻松钻进去。不过，蜡衣虫的数量虽然非常多，但"男女严重失衡"，雄性只有雌性的百分之一左右。也就是说，那么多的雌虫，只有1%左右有机会和雄虫结为伴侣，繁衍后代。不过，即使这样，也足以保持这个大家族的繁荣了。

麻蝇的克星——腐阎虫

　　大师雷米沃尔曾经说过：一只麻蝇的肚子里，可以装两万只卵。天哪，两万只！实在太不可思议了！麻蝇有必要这么"高产"吗？它们每代还会继续繁殖，这么一来，它们岂不是要以数量的绝对优势称霸世界？

　　先别担心，当然不会的。想想看，你平日里并没有看到过很多麻蝇吧？为什么呢？因为麻蝇的卵，后来大部分都变成了其他昆虫的美餐，并没有顺利长大。

　　是谁帮我们解决了麻蝇"称霸世界"的危险呢？大师雷米沃尔没有说，那么就让我通过观察和实验，来搞清楚这个问题吧——

　　一条大游蛇死了。麻蝇在其中产下了数量庞大的卵。这些卵很快变成了蛆虫，并且用蛆虫溶解力特强的唾液，将这条蛇的肉液化变成了浓浓的"肉汤"，而脊柱则突出在"肉汤"上

面。只见浸在"肉汤"里的蛇皮像波浪似的起伏着，一会儿这里鼓起一块，一会儿那里鼓起一块，这是因为在蛇皮下面，成堆的蛆虫正在"肉汤"里拱来拱去，它们玫瑰红色的气门不时在"肉汤"表面张开，密密麻麻，简直连成了一片。不花钱的蛆虫大餐马上就要开始了．

许多陌生客人加入了这场蛆虫的盛宴。最早到达的是腐阁虫。它们虽然生活在臭烘烘的地方，但是模样却长得挺气派：身材矮壮敦实，身上的护胸甲闪闪发亮。不过，它们有的可不仅仅是外在美，接下去，让我们关注一下它们的工作吧。

腐阁虫看着蛆虫们大快朵颐，一开始并没有采取行动。它们无法靠近稀糊糊的脓血，所以只能在旁边干燥的地方爬来爬去。它们小心地爬上"暗礁"，避开恶臭的沼泽，等待着时机的到来。

瞧，一条幼嫩的蛆虫无意间靠近了"岸边"，腐阁虫看到了，立刻小心地来到"肉汤"边，用大颚咬住那条蛆虫，把它拖上了岸。这时无论蛆虫再怎么挣扎都不管用了，腐阁虫将它开膛破肚，吃得一点不剩。就这样，腐阁虫像个渔翁似的，不时"钓"起一条蛆虫来，有时两只腐阁虫还会分享一条蛆虫。

这时候，腐阁虫"钓"起的蛆虫数量并不多，因为蛆虫知道岸上有危险，所以尽量呆在"肉汤"深处，这样一来，腐阁虫就拿它们没办法了。

别以为蛆虫只要不靠近岸边就会从此太平。危险其实还在后面呢！

随着蛆虫的进食、太阳的照射和沙土的吸收，"肉汤"越来越少，越来越干了，于是蛆虫只好纷纷躲进蛇皮或者骨头下面。此刻，腐阁虫开始了对蛆虫的大规模扫荡。几天后，你揭开游蛇仅存的皮囊，恐怕一条蛆虫都看不见，因为它们全都被腐阁虫清理干净了。要不是我知道蛆虫无法在陆地上远行，真要怀疑它们是吃完"肉汤"，一哄而散了呢！

　　见识了腐阁虫横扫蛆虫的极高效率，开始我还以为它们正在忙着繁殖后代，为家庭操劳呢。但是我错了，在我的那个尸体作坊里没有它们产的卵，也没有它们的幼虫。它们的家想必是安在别处，看来是在肥料堆和垃圾堆里。3月，在一个满是鸡屎的鸡棚地上，我找到了腐阁虫的蛹。看来，腐阁虫的成虫到我那臭烘烘的作坊，只是为了享用蛆虫大餐。它们在完成扫荡蛆虫的任务后，就返回了垃圾堆里，那里才是它们繁衍后代、安全过冬

冬日里蛰伏的生命

金杏宝

A 寻觅与欣赏

寒冬腊月，昆虫也同大多数生命一样，进入了休养生息的季节。少数抗逆性强的、栖息环境适宜的昆虫能以成虫形态越冬，大多数昆虫则以蛹、幼虫或卵的形态，以冬眠的方式来对抗低温，不少成虫产下越冬卵后便结束生命。来年开春后，气温上升，卵孵化了，生命得以延续。

如果房子居住时间达 10 年以上了，且有多年未移动的旧家具、旧物品，则很可能会滋生蟑螂。趁年前来一次家庭大扫除，或许可以发现附着在箱包、鞋盒、橱柜边缘的蟑螂卵鞘。它们似一个个迷你的小钱包，还带有花边，非常精致。这时若摘除一个卵鞘，可消灭十几甚至几十粒蟑螂卵呢！

在庭院墙角或阳台潮湿的花盆底下，也可能发现多足的鼠妇，俗称西瓜虫，它们是甲壳纲的，不是昆虫。试着用小棍或手去触碰它，你猜会发生什么变化？哈，长条形状的西瓜虫不见了，而是变成了一个个小圆球，一不小心，它们便会从你手中滚落逃生。

冬末春初，常需要移栽花卉、树木。挖坑掘土时，我们常常会发现蜷缩在土中的乳白色蛴螬，它们是金龟子或天牛的幼虫。也会有一些地老虎，或夜蛾的蛹，它们带有金属光泽的暗红色，如同红木雕刻品一般，蛹体分节，被触动后会稍稍弯曲。接近羽化时的蛹，还有清晰可辨的触角呢。

Ⓑ 观察与发现

冬日的野外，一般难以看到活跃的昆虫。但在花鸟市场里，却可以看到多种仍在欢唱的鸣虫。星期天的午后，市场里人头攒动，找到一处专卖鸣虫的摊位，你会发现这里是一个极乐世界，各种鸣虫在小虫盒内无忧地演奏，这些鸣虫是由专业的养殖专家人工培育的。不同城市的鸣虫品种或许不完全相同，但有些当家品种各地都可见到，如大黄蛉、小黄蛉、金蛉、竹蛉、双斑蟋、斗蟋等等。

在鸣虫市场，还能发现由各种材质制成的、做工考究的工艺虫具，其中不乏传承着中华鸣虫文化的精品杰作。

Ⓒ 实验与探索

户外寒风凛冽，秋天的落叶已被吹得不见踪影。选择一个无风的晴天，走进阳光照射下的树林，仔细观察，在柳树及其他树干或枝条上会发现各种螵蛸——它们是螳螂的卵块，通常是夏末秋初时产下的。常见的螵蛸有三种：粗壮的圆柱形，相对狭长的具纵向凹陷的圆柱形，相对短小的圆柱形。随着时间的推移，螵蛸的颜色会由初产时的浅黄色，渐变成土黄色、

棕褐色。这三种卵块孵化后，便是最常见的三种螳螂：中华大刀螳、狭翅大刀螳和广斧螳。

将卵块连同树枝一起剪下带回家，插在花瓶或笔筒里，整个冬天可作为干树枝观赏，也可置于室外的庭院内。等到来年春天四五月份间，能观察到小螳螂从中孵化。室内、外温度不同，孵化的时间也会不同。你可以将孵化出来的小螳螂放生到野外。如有兴趣与耐心，你也可以做些人工饲养观察，但记得要给小螳螂喂食活虫。刚孵化出的小螳螂很容易成为蚂蚁的美食。等到小螳螂蜕了 2～3 次皮后，再放生到野外，存活率会更高些。螳螂是半变态昆虫，若虫与成虫的模样相似，整个发育过程没有蛹的阶段，最后一次蜕皮后，便是成熟的成虫了。

参考文献：

1. 赵梅君，李利珍.多彩的昆虫世界.上海：上海科学普及出版社，2005 年.

2. 金杏宝.常见鸣虫的选养与欣赏.上海：上海科学技术出版社，1996 年.

3. 刘漫萍，白玲.都市的天籁.上海：上海科技教育出版社，2012 年.

2015年 2015（总第12册）

主管单位：中华人民共和国住房和城乡建设部
　　　　　中华人民共和国教育部
主办单位：全国高等学校建筑学学科专业指导委员会
　　　　　全国高等学校建筑学专业教育评估委员会
　　　　　中国建筑学会
　　　　　中国建筑工业出版社
协办单位：清华大学建筑学院　　　　同济大学建筑与城规学院
　　　　　东南大学建筑学院　　　　天津大学建筑学院
　　　　　重庆大学建筑与城规学院　哈尔滨工业大学建筑学院
　　　　　西安建筑科技大学建筑学院　华南理工大学建筑学院
顾　　问：（以姓氏笔画为序）
　　　　　齐　康　关肇邺　李道增　吴良镛　何镜堂　张祖刚　张锦秋
　　　　　郑时龄　钟训正　彭一刚　鲍家声　戴复东
社　　长：沈元勤
主　　编：仲德崑
执行主编：李　东
主编助理：屠苏南

编辑部
主　　任：李　东
编　　辑：陈海娇
特邀编辑：（以姓氏笔画为序）
　　　　　王　蔚　王方戟　邓智勇　史永高　冯　江　冯　路　李旭佳
　　　　　张　斌　顾红男　郭红雨　黄　瓴　黄　勇　萧红颜　谭刚毅
　　　　　魏泽松　魏皓严
装帧设计：编辑部
平面设计：边　琨
营销编辑：柳　涛
版式制作：北京嘉泰利德公司制版

编委会主任：仲德崑　秦佑国　周　畅　沈元勤
编委会委员：（以姓氏笔画为序）
　　　　　丁沃沃　马清运　王　竹　王伯伟　王建国　王洪礼　毛　刚
　　　　　孔宇航　吕　舟　吕品晶　朱　玲　朱小地　朱文一　仲德崑
　　　　　刘　甦　刘　塨　刘克成　关瑞明　汤羽扬　孙一民　孙　澄
　　　　　李子萍　李兴钢　李志民　李岳岩　李保峰　李晓峰　时　匡
　　　　　吴长福　吴庆洲　吴志强　吴英凡　沈　迪　沈中伟　张　彤
　　　　　张玉坤　张成龙　张兴国　张　利　张　彤　张伶伶　张珊珊
　　　　　陆　伟　陈　薇　陈伯超　陈梦驹　邵韦平　范　悦　周　畅
　　　　　周若祁　单　军　孟建民　赵　辰　赵万民　赵红红　饶小军
　　　　　秦佑国　桂学文　夏铸九　顾大庆　徐　雷　徐行川　徐洪澎
　　　　　凌世德　唐玉恩　黄　耘　黄　薇　曹亮功　龚　恺　常　青
　　　　　常志刚　崔　愷　梁　雪　梁应添　韩冬青　覃　力　曾　坚
　　　　　潘国泰　魏宏杨　魏春雨
海外编委：张永和　赖德霖（美）　黄绯斐（德）　王才强（新）　何晓昕（英）

编　　辑：《中国建筑教育》编辑部
地　　址：北京海淀区三里河路9号　中国建筑工业出版社　邮编：100037
电　　话：010-58337043　　010-58337110
传　　真：010-58337053
投稿邮箱：2822667140@qq.com

出　　版：中国建筑工业出版社
发　　行：中国建筑工业出版社
法律顾问：唐　玮

CHINA ARCHITECTURAL EDUCATION
Consultants:
Qi Kang　Guan Zhaoye　Li Daozeng　Wu Liangyong　He Jingtang
Zhang Zugang　Zhang Jinqiu　Zheng Shiling　Zhong Xunzheng
Peng Yigang　Bao Jiasheng　Dai Fudong
President:　　　　　　　　　　　Director:
Shen Yuanqin　　　　　　　　　Zhong Dekun　Qin Youguo　Zhou Chang　Shen Yuanqin
Editor-in-Chief:　　　　　　　　Editoral Staff:
Zhong Dekun　　　　　　　　　Chen Haijiao
Deputy Editor-in-Chief:　　　　Sponsor:
Li Dong　　　　　　　　　　　China Architecture & Building Press

图书在版编目（CIP）数据

中国建筑教育.2015.总第12册/《中国建筑教育》编辑部编著.—北京:中国建筑工业出版社
ISBN 978-7-112-19038-6

Ⅰ.①中…　Ⅱ.①中…　Ⅲ.①建筑学-教育-研究-中国　Ⅳ.①TU-4

中国版本图书馆CIP数据核字(2016)第009436号

开本：880×1230毫米　1/16　印张：7¼
2015年12月第一版　　2015年12月第一次印刷
定价：25.00元
ISBN 978-7-112-19038-6
　　　　　(28247)

中国建筑工业出版社出版、发行（北京西郊百万庄）
各地新华书店、建筑书店经销
北京画中画印刷有限公司印刷
本社网址：http://www.cabp.com.cn　中国建筑书店：http://www.china-
本社淘宝天猫商城：http://zgjzgycbs.tmall.com　博库书城：http://www.b
请关注《中国建筑教育》新浪官方微博:@中国建筑教育_编辑部
请关注微信公众号:《中国建筑教育》

版权所有　翻印必究
如有印装质量问题，可寄本社退换
（邮政编码100037）

版权声明
凡投稿一经《中国建筑教育》刊登，视为作者同意将其作品文本以及图片的
权独家授予本出版单位使用。《中国建筑教育》有权将所刊内容收入期刊数据库
有权自行汇编作品内容，有权行使作品的信息网络传播权及数字出版权，有
代表作者授权第三方使用作品，作者不得再许可其他人行使上述权利

目 录

EDITORIAL

主编寄语

2011 年，风景园林学被列为一级学科。一直以来，"Landscape"的译法就颇为多样，这其实显示了国内对于"Landscape"的认识有极其多样的不同侧重。时至今日，虽然"风景园林学"被列为一级学科而成为固定语汇，但并不能说明其内涵与外延已获得清晰的界定。在教学上，建筑类院校与传统农林院校也各有不同的培养方向与侧重点。

21 世纪的第二个十年，中国面临日益严重的环境问题，这是 Landscape 发展的契机，须尽快对可持续发展的要求及人类建设美好生存家园做出呼应并力争有所作为。国内风景园林学专业教育借此历史机遇可获长足发展，将以往系统瓜葛不清的、结构体系交织混乱的、基础架构薄弱的、"瘸腿"的都一一扶正，健全体系，夯实基础，以促进学科获得有力量的发展。本册以哈工大风景园林学专业教学研究与改革为例，全面介绍了其风景园林学专业自景观系建系以来，在学科专业发展上所做的持续努力与成果。刘晓光、吴远翔的《建筑院校新兴景观学科教学体系建构策略研究——以哈尔滨工业大学为例》一文，从体系建构高度详细阐明景观学科的 7 个基础问题——定位、目标、结构、哲学基础、思维模式、核心能力、科学方法，提出 EOD 教学体作为应对策略，以系统论的方法建立教学结构改革推进体系。赵晓龙、李同予的文章就硕士实践能力培养为先导，构建提出一套教学思路与模式。夏楠、赵晓龙的《基于"R-O-D"理念的哈尔滨工业大学风景园林专业境外开放设计教学探索》一文，则就联合教学模式给了案例解说与教学思考总结，是该学科联合教学的有益尝试。刘晓光、吴远翔、吴冰的《建筑类院校景观专业生态规划课程体系探索——以哈尔滨工业大学为例》一文，强调了生态规划与设计能力在本专业教学中的重要地位，完整介绍了生态规划在本科教学的两条耦合脉络：以知识传授型为主的景观生态学、环境生态学等的课程教学，以及在培养时序结构方面所做的尺度训练。朱逊、赵晓龙的《建造还是修复？——风景园林工程教学的探索与思考》一文，指出园林工程教学的重要性，并介绍了美国相关课程安排情况以及该校的教学尝试与实践。接下来的其他文章，有的从某一课程的系统教学模式着眼，有的从教学方式的某一侧重点着眼，细致入微地介绍了哈工大在风景园林专业教学上的改革与尝试。这组文章全面、多角度地展示了哈工大近年来风景园林体系建设与教学改革成果。

"建筑设计研究与教学"栏目是《中国建筑教育》常设栏目之一，本组四篇文章呈现不同的精彩，有关于数据化设计的探讨和"场地设计"教学体系的研究，也有关于大二自主命题式设计教学的讨论。值得一提的是，东南大学研究生从"竹构鸭寮"实践课中获得的对于如何利用地形的思考，以切身实践展示了良好的教学成果，也是生动的教学样板。

"师道"栏目中，庄少庞的文章记述了原华南工学院陈伯齐先生的教学生涯与学术成就，在文章中我们总能读到太多的感动，正是那些默默耕耘于教学一线的师者，筑建起一个学院成就的基石，在此也向前辈致敬！

2016 即将来临！《中国建筑教育》也被越来越多的院校列为核心，大家的鼎力支持，成为《中国建筑教育》发展的不竭动力。让我们一如既往共同努力，把《中国建筑教育》办得更好！

李东

2015 年 12 月于北京

建筑院校新兴景观学科教学体系建构策略研究

——以哈尔滨工业大学为例

刘晓光　吴远翔

Research on the Construction Strategy of the New Landscape Discipline Teaching System in Architectural University ——Taking HIT as an Example

■摘要：国内外可持续发展大趋势要求建筑院校新兴景观学科尽快在国计民生层面有所作为。新学科要重视教学体系建构，发挥环境哲学、复杂巨系统思维、生态学基础、整合架构能力等潜在优势，抓住历史新机遇，扬长避短，解决7个基础问题（定位、目标、结构、哲学基础、思维模式、核心能力、科学方法），就能够以系统取胜，后发先至。哈工大景观教育针对传统体系的问题，提出了EOD（Ecology Oriented Development）教学体系作为应对策略。以培养生态规划能力为目标，按照哲学为魂、艺术为脑、功能为体、技术为基的"四位一体"教育理念，建立了以"四线交织、九板块推进"的总体结构，以及突出"人文－自然生态复杂巨系统规划"的整体特色，努力探索出一条切实可行的教育模式。

■关键词：建筑院校　新兴景观学科　教学体系　"四位一体"　生态规划

Abstract：The trend of sustainable development requires that the new discipline of landscape architecture in college of architecture must make a difference in people's livelihood as soon as possible．The new discipline should attach importance to the education system，play the potential advantages of environmental philosophy，complex giant system thinking，ecology basis，integration capability framework etc．，seize new historical opportunity before the new starting line，foster strengths and circumvent weaknesses，solve seven basic problems (orientation，objectives，structure，philosophy basis，mode of thinking，core ability，scientific method)，will be able to win by system．Landscape architecture of HIT explores the EOD (Ecology Oriented Development) teaching system，based on the "Four in one" educational philosophy which treats the ability of ecological planning and design as the target，philosophy as the soul，art as the brain，function as the body，technology as the basis，establishes a overall structure as "four—wire inter woven，9 forum to promote"．Highlights the "complex giant eco—system of human and nature planning" as overall structure characteristics，and strives to explore a new education model．

Key words：College of Architecture；New Discipline of Landscape Architecture；Teaching System；"Four in One"；Eco-Planning

1 传统景观教学体系的问题与困境

随着 2011 年 LA（landscape architecture，译为景观或风景园林）学科新晋为一级学科，全国建立景观学科的院校已经近 200 所。在很多新兴院校，特别是建筑类院校，景观学科要应对多重挑战，如学科外部的建筑学、城乡规划、艺术设计的空间优势压力，以及学科内部的老牌农林院校的植物造景优势压力；还要解决师资少、积累薄等自身问题。如何扬长避短、打造长板、迎头赶上是这类学科生存发展的核心问题；建构一套理念先进、系统完善的教学体系，依靠系统优势取胜就成为破解重重问题的关键。

一个健全的景观教学体系，首先要解决 3 个方面的 7 个核心问题：定位、目标、结构（其中又包括哲学基础、思维模式、核心能力、科学方法）。传统景观教学体系（以农林院校为主导），在过去培养了一批人才，但在新形势下，也逐渐暴露出 7 大问题：

定位偏狭——以国际前沿与中国生态文明大背景考察，传统体系定位狭窄，偏重园林（garden），尺度过小，很少研究社会、城市、区域问题，局限于行业下游，无法应对当今国内外现实问题（如生态管控、环境修复、可持续发展）。

目标不清——传统体系在园林艺术、植物造景、绿化工程、施工管理、园艺中游移不定，导致目标散乱，无法聚焦。

结构杂乱——由于定位于目标问题，导致传统体系在课程关系之间逻辑不清，混乱庞杂。

哲学缺失——当代先进的景观教育都以环境哲学为基础，而传统体系以默认的人类中心论为基点，与建筑、规划等学科相比，无法在哲学基点上显现优势。

思维模式偏颇——传统体系偏于分析型的理性思维，忽视设计类学科所需要的创造型的艺术思维，导致规划设计平庸无彩，缺乏创新。

核心能力不明——景观的内核是规划设计，传统体系没有以之为核心打造课程体系主脉，导致植物、管理、表现与规划设计并重，未能抓取学科核心特征；且师生比多为 1：20 以上，难以满足规划设计训练的特殊要求。

科学方法薄弱——当代景观要处理复杂问题和海量信息，传统体系多以感性、经验设计为主，在诗文画论中寻求灵感，而数据采集、生态过程模型、GIS 集成等先进方法应用较少，导致科技含量偏低，无法满足严苛的学术要求。

当代景观的生态大趋势，给景观行业创造了一个重新"洗牌"、各校重新起跑的契机。建筑院校新兴学科如果能从大势入手，重新梳理学科本质，就可以建构一个全新体系，快速形成特色。哈尔滨工业大学（以下简称哈工大）通过 2009 年以来的办学实践，结合学科范畴（图1）、一级学科定位、本硕博联动、国际化发展等诸多因子，探索出一条以 EOD（Ecology Oriented Development，生态可持续发展）为核心特色的本科教育途径，通过"四线交织、九板块推进"模式来系统解决 7 个核心问题。

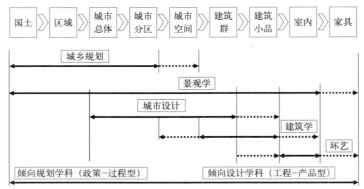

图 1　景观学科工作范畴 [1]

2 新兴景观教学体系建构的整体策略

2.1 定位——定位于可持续城乡发展领域

作为一级学科的新兴学科，首先解决学科核心价值与定位问题，在与城乡规划、建筑学等相关学科竞争中，要具有不可替代性。对此，生态景观先驱麦克哈格认为，"景观是要告诉你关于生存的问题，景观是来告诉你世界存在之道的，景观是来告诉你如何在自然面前明智地行动的"(Miller，Pardal，1992)。景观教育家Sasaki也呼吁，"要么致力于人居环境的改善这一重要领域，要么就做些装点门面的皮毛琐事"(Sasaki，1950)。

中国当代焦点问题是过速城市化导致的城乡环境危机，如雾霾、水土污染、城市洪灾、农地蚕食、社会－经济－环境(SEE)畸形发展等等(图2)。十七大提出生态文明国策、十八届三中全会要求生态红线划定、2015年实施法定性环境总规等一系列重大举措，呈现出国家发力解决生态问题、走向城乡可持续发展的大趋势。而国际上，城乡可持续发展、景观的生态趋势早在1960年代(Rachel Carson，1962)就开始了，而当今大多数欧美院校的景观教育的默认基点都是生态。

新兴景观学科应主动拓展视野，大胆定位于当前国计民生重点诉求的可持续城乡发展领域，突破传统的"边边角角,种花种草"的诗情画意(即"garden")的局限。在这一领域，传统建筑学存在尺度局限，城市规划学存在生态缺失，而景观学科在哲学基础、复杂巨系统思维、多元复合目标、空间管控能力、规划设计方法、生态学基础等诸多方面潜在优势逐渐显现，因此，景观学科要做好担当未来城乡可持续发展重任的准备，这是学科发展的大趋势，也正是新兴学科迎头赶上的大好机遇。

2.2 目标——确立生态规划为核心目标

生态规划是现代景观学科的核心与独特范畴(图3)，是应对城乡可持续发展的基本途径，是当下中国景观教育的一个全新起跑线，是新兴学科快速发展的重要突破口。

生态规划是对于自然生态系统与人文生态系统进行整合性规划。自然生态系统规划主要解决景观生态方面的理想格局建构、环境生态方面的保护与修复等方面的空间问题，规划对象包括国土到市域尺度的生态安全格局(SP)、城区尺度的生态基础设施(EI)、社区尺度的生态公园等；人文生态系统规划(建筑类院校传统强项)主要解决社会生态、经济生态发展方面的空间问题，规划对象包括城乡社区系统规划、综合性城市设计、城市景观设计等；整合性生态规划是要把原来分离的自然与人文有机整合成复合生态系统，最终实现人类与环境可持续发展[2]。

从国际发展趋势考察，在基础理论方面，麦克哈格早就提出将整体人文生态系统作为规划对象[3]；瓦尔德海姆、莫斯塔法维用《景观都市主义》《生态都市主义》等理论著作系统阐释了景观架构城市的思想与策略。在实践方面，库哈斯用拉维莱特公园、当斯维尔树城等案例展现了景观领导的城市革命实践；科纳则在中国用深圳前海城市设计案例做出了明确的启发性示范[4]。

因此，应确立以生态规划为核心目标的教学体系，强化EOD模式——以可持续发展为理念、以生态安全维护与格局优化为导向、以生态伦理为哲学、以生态科学技术为基础、以艺术与理性相生为思维模式、以人文－自然生态复杂巨系统[5]规划为核心的生态规划模式[6]。

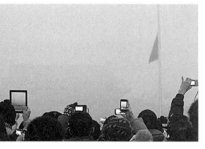

图2 中国当代生态危机

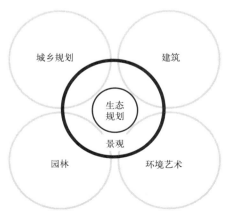

图3 生态规划与相关学科关系

2.3 结构——打造"四位一体"核心结构

对于设计类学科（包括景观、城乡规划、建筑、服装、产品、平面等等），透视其本质可以看到，规划设计是在哲学指导下，综合体现人类三大实践活动——伦理、科学、艺术（狭义即功能、技术、形式）——成果的多维复合的人类活动[7]，但凡设计皆具此特征[8]。由此形成哲学为魂、艺术为脑、功能为体、技术为基的金字塔结构的教学理念，对应设置四条特色主线，交织贯通为"四位一体"核心架构（图4），以系统建构学科思维、能力、方法。

2.3.1 哲学——哲学为魂，以环境哲学统领思想课程主干线

（1）环境哲学

哲学、方法论与学术思想的局限与缺失，是导致当今生态危机的深层根源。景观学科根本性优势在于以环境哲学为基础，对于世界、生命、社会和城市具有更为深刻的理解，这是与以默认的人类中心论为哲学的建筑、城乡规划等学科的根本差异，也是当代景观学科崛起的动力根源。

因此，设立思想线，打造景观学科的哲学内核，构建思想与方法基础，建立终极评价标准。以环境哲学作为设计哲学，将引导学生自主地在今后所有社会活动中践行生态理想，建立学科的持久影响力。

（2）系统科学

景观学科的思维优势，在于以复杂巨系统的整体时空思维，解决自然与人文协同问题，整合生物多样性保护、雨洪管理、农业生产、商业经济、防灾避灾、游憩生活等各种复杂需求，以生命性的生态核心架构应对未来大时空体系不可预期的变化。

在方法论方面开设系统科学理论，作为景观生态学、景观规划设计的方法论基础[9]，包括系统论、信息论、控制论的"旧三论"（SCI），以及耗散结构论、协同论、突变论的"新三论"（DSC）。

（3）史论思想

为培养学科专业的思想模式，要从历史与理论中获得软传统（道，而不仅是硬传统——器、法式）和创新的基础[10]。开设景观史论、城市史论、建筑史论等系列课程，强调史论合一、理法（道器）合一，弱化描述性，突出阐释性，故称史论。如景观史论就不限于园林史，而强调对于都江堰、西湖等尺度大、环境影响大的复合型景观的思想方法阐释。

2.3.2 思维模式——艺术为脑，以艺术思维培养贯穿始终

景观要创造能够完美整合科学、伦理、艺术（狭义即技术、功能、形式）系统的上乘作品，仅依靠被偏颇强调的理性思维是远远不够的，必须具

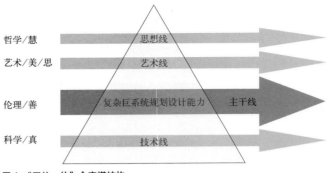

图4 "四位一体"金字塔结构

有艺术思维方式，才可能融通各类机械性知识而入化境。艺术思维依靠知觉、统觉、想象来创造性地解决问题，能完成理性思维难以胜任的工作（阿恩海姆的《艺术与视知觉》、《视觉思维》等心理学研究就是要证明老子涤除玄览的正确性）。

艺术思维必须借助艺术方法训练[11]，因此设立艺术线，包括贯穿4年的设计创意课程系列、艺术专题系列等课程，采取包括绘画、摄影、平面、产品、电影、音乐、大地艺术等手段，强化突破现实约束的创造力、想象力训练。这应是个不间断的训练过程（传统的集中于低年级的艺术基础课程，实质是仅作为表达技巧训练；而高年级学生正在设计开窍、急需解决思维问题的时候，艺术课程却被关停并转了）。同时，在规划设计系列课程中，在以科学分析作为理性保障的基础上，各设计阶段都鼓励创作激情与想象力，强调理性创意。

2.3.3 核心能力——功能为体，以规划设计能力训练为核心

景观学科的核心是以土地（land）的规划与设计（Architecture）为主要途径，实现景观的多维复合功能[12]（如生态功能方面的保护与服务；经济功能方面的约束与支撑；社会功能方面的栖居与保障等）。核心方法是整合性规划设计，即在整合社会学、经济学、生态学、地理学等基础上，规划设计出落实于土地和空间的解决方案，建构出适于人类及所有生命的生态系统（非排他性保护与单一性发展），走向EOD——生态导向可持续发展模式。

功能的规划设计能力是景观有别于生态、园艺、环境等学科的核心价值，特别是对于生态功能的规划设计，是学科的核心竞争力与基本生命线。但传统设计教学要么贴近环境艺术，要么贴近传统园林，没能够从景观生态学、环境生态学、社会生态学的视角进行架构，导致学生无法应对生态危机问题。

因此，生态规划设计作为重点，用自然生态、人文生态两条相互依存的课程脉络，交织建构成

生态规划系列课主线，形成鱼骨结构，组织相关理论课、选修课、实习课，进行专项性与综合性循环训练。

2.3.4 科学方法——技术为基，以现代科学技术为工作基础

当代规划设计必须以现代科学与技术为规划设计的基础，要突破传统经验型模式，打造学科的理性和科学底层源代码，培养数据采集与分析、生态技术、工程技术、数字设计等能力。

开设遥感与GIS、景观数字设计导论、可持续景观工程技术作为学科技术课程，把概率与数理统计、测量学、声景设计概论等作为基础技术课程。

景观数字设计是特色课程。应用数字技术进行分析、设计、表达是目前国际设计界的前沿课题，是中国景观在同一起跑线参与国际竞争的一次机会。在设计课程中要求学生探索使用数字技术（如遥感与GIS、SWMM、FRAGESTATS）与数理方法（如SPSS方法）进行数据采集、仿真分析、形态设计等工作。

此外，要求每个规划设计课都要技术先行，避免设计与技术脱节的弊端，要建立场地的生态实验分析环节，挖掘场地数据（以遥感、调研、实验为来源）并建模，把生态分析技术、数字设计技术、景观建造技术及3S的应用作为基点。为此建立景观生态实验室、GIS实验室，以完成气候、水土、植物生态分析与建模等基础工作（图5）。

图5 景观规划设计课的数据分析与GIS模型建构实验环节

3 新兴景观教学体系建构的具体措施

3.1 能力导向序列结构

哲学、艺术、功能、技术"四位一体"的顶层架构在操作层面体现为按照"教学理念→能力培养序列→课程板块"的逻辑形成的教学体系。其中能力培养序列包括：设计基础能力（空间感知与表达）——工程基础能力（建筑与空间）——初级综合能力（专业基础：小型景观）——专业技术能力（场地、种植、遥感、GIS）——自然生态系统规划能力（生态系统、环境修复）——人文生态系统规划能力（社区与城市）——中级综合能力（复杂巨系统规划：城市绿色基础设施、城乡生态格局）——实践应用能力（业务实践）——高级综合能力（毕业设计）（图6）。

3.2 九板块协同系统

按照能力培养序列，遵循分级尺度[13]的教学规律，在5年中设立循环衔接、分合相济的9个教学板块：在基础训练部分（综合性，1.75年），设置第1～2个板块，解决微观的工程体系设计能力问题；在学科训练部分（专项与综合性，2.25年），设置第3～7个板块，

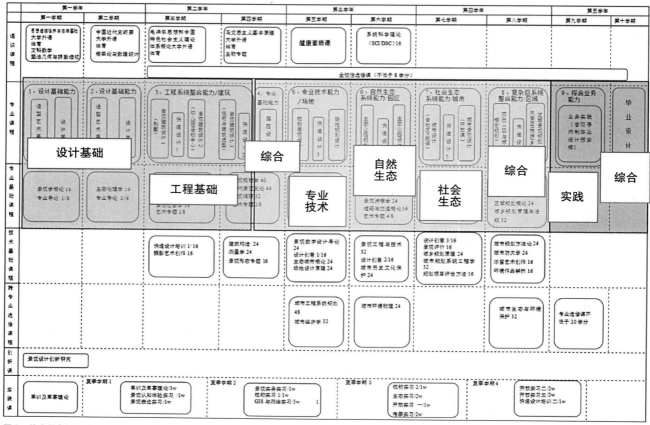

图6 能力导向课程序列

解决中观与宏观的复杂巨系统规划能力问题；在实践训练部分（1年），用业务实践与毕业设计作为第8～9个实践板块，解决实务能力与知识应用全面整合问题。各个板块间耦合关联而又相对独立；每个板块内由若干相关理论课与规划设计课咬接而成（图7）。

（1）设计基础板块

培养土地、空间的认知、建构与表达能力。由设计基础、造型基础系列课程构成。改变传统的美术训练体系（如大剂量素描、色彩），以设计师的设计能力（而不是画家的表现能力）为培养目标。

（2）工程基础板块

培养功能、技术、形式的初步整合能力。由景观建筑设计（要跨过住宅门槛）、建筑原理、建筑构造等课程构成。以建筑为范例进行教学是设计界公认的成熟而有效的途径，建筑训练不是为了设计建筑，而是为了全面高效地培养功能、技术、形式的整合性基础能力，建立空间营造的工程意识，并初步了解人类这种核心物种的行为心理规律。

（3）综合能力板块1（工程基础设计能力整合）

由庭园设计课担当专业设计课先锋，强调功能、技术、艺术的综合性、平衡性。作为启蒙板块，要求系统而全面进行设计的基础要素和基本原则训练。在前面完成的通用性的工程设计基础上，打造专业性基础能力。

（4）学科技术能力板块

培养学生掌握基本的学科技术方法，用于进行科学严谨的规划设计。如学习遥感与GIS、FRAGSTATS、CFD、FLOWNT、ECOTEC、BIM、犀牛等模拟分析技术、数字设计技术，以及德尔菲法、AHP、SPSS等数理统计方法；当然也包括传统的种植技术、场地工程技术。

（5）自然生态系统能力板块

重点培养自然生态规划能力，如源廊结构判别、栖息地保护规划、水土修复设计等[14]。设置植物景观设计、场地设计、生态公园规划、生态公园设计、城市绿色基础设施（Eco－

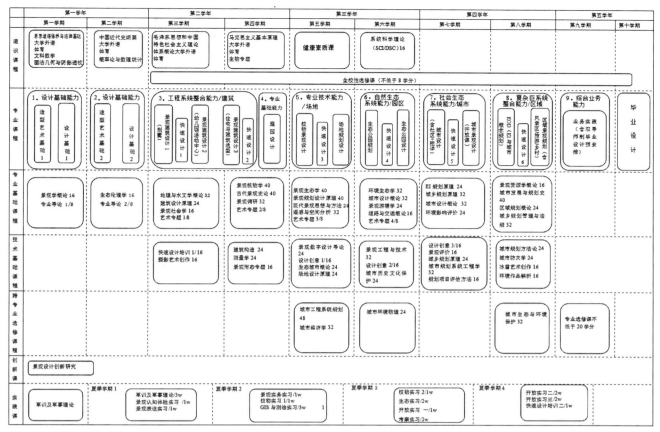

图 7　课程体系结构图

Infrastructure）规划[15]、区域景观规划。相关知识类课程有：景观生态学（侧重空间格局）、环境生态学（侧重环境修复）、环境哲学、景观植物学、地理与水文学、环境影响评价、生物专题等（图 8）。

（6）人文生态系统能力板块

重点培养城乡人居环境的生态规划设计能力，如掌握社区作为城市原型的生态机制[16]、城市设计、公共空间设计等。按照系统复杂度，设置能力类课程：建筑设计基础、景观建筑、庭园设计、住宅与选型、社区规划、社区景观设计、城市设计等课程。相应的原理与知识类课程有：景观社会学、古代园林史论、现代景观思想与方法、城市史论、建筑史论、城市规划原理等（图 9）。

（7）综合板块 2（自然、人文生态复杂巨系统能力整合）

通过城市绿色／生态基础设施与城市发展概念规划、城市设计、区域景观规划等课程，整合自然生态、人文生态两个分立、专项板块的成果，训练处理生态网络、城乡环境、社会经济、道路交通等多维关系的能力，打造复杂巨系统规划的突出特长。

（8）实践板块

通过在实际设计机构实习，了解社会当下真实需求与未来发展趋势，自我认知个人关注点及优劣条件，逐步明晰进一步学习与发展的方向与实现途径。（为把实践能力训练渗透到各个环节，每门规划设计课程都争取与真实项目结合，形成直面实地、实时、实人、实事的真实性场景化训练模式。）

（9）综合板块 3（社会教育与学校教育成果整合）

毕业设计负责把实践板块所得到的社会实践成果，与前面 4 年的学校教育成果进行梳理，结合学生的自我发现与事业规划，进行市域范围的国土功能规划研究，以形成更高层次的综合性、建构性成果（图 10）。

九个板块构成从基础设计语言、专业思维模式、核心规划能力到实战训练的递进系统，

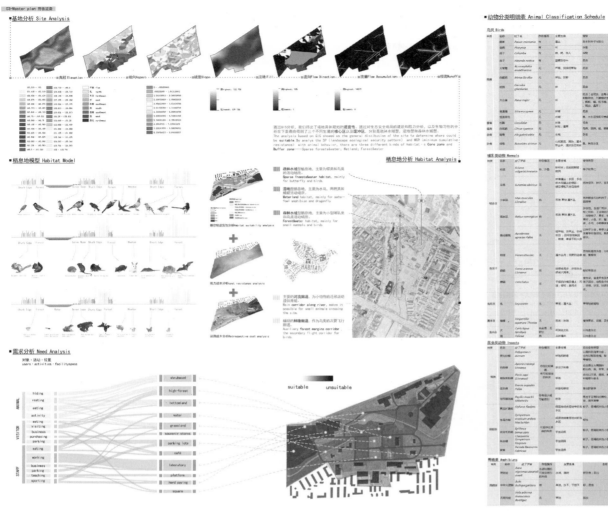

图8　生态公园规划课程作业

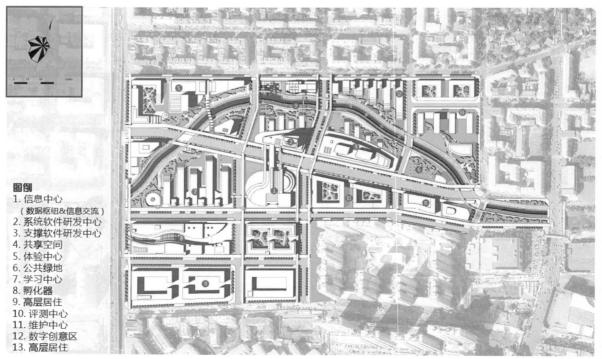

图9　城市设计（产业社区）规划课程作业

阿城区林地植被安全格局

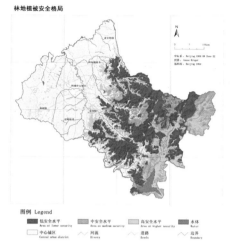

林地植被安全格局

图例 Legend

阿城林地植被安全格局是基于阿城区林地植被现状条件，将各个影响因子进行权重叠加而得出的关键性空间格局，包括低中高三个层次，它对于维护阿城区林地系统的生态安全，实现精明保护和精明利用有重要意义。在ArcGIS中执行Spatial Analyst-加权叠加，将各个子图层按照不同权重进行叠加，得到林地植被安全格局。

图层评分细则

评价项目	影响因子	权重	评分准则
生态功能分析	公益林分布图	20%	国家级公益林4分 一般公益林3分 林地2分 非林地1分
	重要水源涵养地分布	18%	一级水源涵养地3分 二级水源涵养地2分 其它1分
	江河一级支流的源头汇水区	15%	一级支流源头3分 水区域2分 其它1分
生产能力分析	商品林分布	10%	商品林2分 其它1分
地表条件分析	地貌类型	12%	山地3分 丘陵缓坡2分 平原1分
	坡度分级	15%	坡度小于10°3分 坡度10-20°2分 大于20°1分
	坡向分级	14%	南向3分 西南2分 东南向其它朝向1分

图10　生态安全格局规划——毕业设计

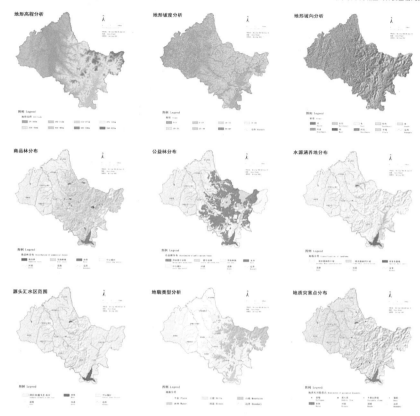

地形高程分析

地形坡度分析

地形坡向分析

商品林分布

公益林分布

水源涵养地分布

源头汇水区范围

地貌类型分析

地质灾害点分布

形成3次分合相济的循环程序，务求结构严密、训练扎实。还需要说明两点：

关于课程学时。景观设计师要具备组织、协调、整合各方面学科知识与人才的能力，犹如乐队的指挥，要了解每个学科的要求但并不需要都擅长，能够给予架构性的顶层指导即可。因此知识点与学时设置并不都求全求深，核心课程突出重点，辅助课程点到为止即可。

关于总体学制。目前是按现行的建筑、城乡规划学制制定的5年制体系。如果能抓住规划设计能力（Architecture）这个核心，4年制足矣。最后一年的实践部分可以通过直接工作更有效完成；或留给研究生阶段，支撑建立"4+2"体系，这对于精简学制、早出人才、争取生源都有很大益处。

4　结语

国际景观发展走向和我国城乡生态可持续发展的大趋势，对于景观教育提出了要从Garden 转向LA、从诗情画意走向国计民生、从游憩走向社会经济发展、从园林尺度走向城乡尺度、从人类中心论走向生态伦理、从工程系统走向复杂巨系统、从园林艺术走向复合生态、植物造景走向生态系统、从知识灌输走向能力训练、从设计师走向行业领导、从构图走向体验、从经验走向数据、从就业实用走向可持续能力等几千年未遇的全新要求，这无疑是新兴景观学科的发展契机。

景观尺度巨大、系统多样，对于知识结构、能力结构要求不尽相同。哈工大景观学科以科学、稳定、开放、创新为原则，以哲学、艺术、功能、技术四脉贯通为理念，以九板块复合为途径，形成人文－自然生态复杂巨系统整合的教学体系，聚焦城乡可持续发展，突出生态规划特色，取得了良好的效果（哈尔滨工业大学景观学本科目前的 15 名毕业生，53%读研，分别被美国宾夕法尼亚大学、德国慕尼黑工业大学，以及英国的 AA 学院、UCL、谢菲尔德大学、爱丁堡大学、新西兰奥克兰大学、我国的北京大学等院校的景观学、城乡规划、城市设计等学科录取）。

中国景观教育目前呈现多元化、差异化特征，各校学科基础、目标专长各有不同[17]。建筑类院校新兴景观教育，既要看到自身不足，也要看到潜在优势，如拥有建筑、城规、设计、环境工程等相关学科支撑，在复杂系统规划、工程体系设计、创造力培养方面形成有利条件；没有传统框框约束，可以重新设计，适应能力较强等。如果能够在新起跑线上，跟踪国际前沿、突出特色优势、重点突破，就能够以系统取胜，迎头赶超，担当重任。

注释：

[1] 改绘自：金广君. 图解城市设计 [M]. 北京：中国建筑工业出版社，2010：14.
[2] 《建筑类院校景观学科生态规划课程体系探索》在《中国建筑教育》本册发表。
[3] 麦克哈格. 设计结合自然 [M]. 天津：天津大学出版社，2006：3-4.
[4] 林广思采访，章健玲翻译. 景观都市主义的前海实践——访 Field Operations 主创设计师詹姆斯·科纳教授 [J]. 风景园林.2010 (5)：16-21.
[5] 周干峙. 城市及其区域——一个开放的特殊复杂的巨系统 [J]. 城市规划，1997 (2)：4-7.
[6] 刘晓光，冯瑶，吴远翔. 哈尔滨工业大学景观学本科教育探索 [G] // 景观教育大会论文集. 南京：东南大学出版社，2012：45.
[7] 林兴宅. 象征论文艺学导论 [M]. 北京：人民文学出版社，1993：130-131.
[8] 王受之. 现代设计史 [M]. 深圳：新世纪出版社，1995：7-173.
[9] 付博杰. 景观生态学原理及应用（第二版）[M]. 北京：科学出版社 2011：16.
[10] 侯幼彬. 中国建筑美学 [M]. 哈尔滨：黑龙江科学技术出版社，1997：303-306.
[11] 贝蒂·艾德华. 像艺术家一样思考 [M]. 海口：海南出版社，2003：5.
[12] 卡尔·斯坦尼兹. 景观规划思想发展史 [J]. 中国园林，2001 (5)：92-95.
[13] 卡尔·斯坦尼兹. 迈向 21 世纪的景观设计 [J]. 景观设计学，2010 (5)：24-30.
[14] 邓毅. 城市生态公园规划设计方法 [M]. 北京：中国建筑工业出版社，2007：82.
[15] 《基于 EOD 理念的城市绿色基础设施规划课程教学探索》发表在《中国园林》2014 年第 5 期。
[16] 杨德昭. 新社区与新城市：住宅小区的消逝与新社区的崛起 [M]. 北京：中国电力出版社，2006.
[17] 关于 LA(landscape architecture) 学科的译名，国内学界在 2005 年前后曾经有一场大讨论，建筑院校多倾向"景观"，农林院校多倾向"风景园林"。本文从 LA 学科发展以及与生态、地理等相关大学科群整体内涵协同角度，取第一种用法。

作者：刘晓光，哈尔滨工业大学建筑学院景观系 副教授，景观规划研究所所长；吴远翔，哈尔滨工业大学建筑学院 副教授，景观规划研究所副所长

实践能力培养为先导的哈尔滨工业大学风景园林学科专业硕士培养体系研究

赵晓龙　李同予

Study on the Cultivation System for Graduate Education in Landscape Architecture with the Priority of the Cultivation of Practical Ability in Harbin Institute of Technology

■摘要：哈尔滨工业大学风景园林学科的硕士培养工作，历经10年教学体系的营建，已发展成为具有坚实学术基础和成果积淀的人才培养平台。本文阐述了风景园林研究生教育教学的现状，分析了哈尔滨工业大学风景园林专业的办学定位，提出风景园林专业硕士实践能力培养体系的构建方案：打造双师型教师队伍，以能力为导向的招生选拔机制，"产、学、研"一体化实践教学模式、理论与实践相结合的教学平台、实验教学平台与实践认知基地等。通过强化实践能力在研究生培养中的重要作用，既满足教育部对风景园林硕士专业学位培养方案的总体要求，也契合哈尔滨工业大学风景园林专业硕士的总体办学定位及办学特色。

■关键词：实践能力　培养体系　风景园林　专业硕士学位

Abstract: The master training project of landscape architecture in Harbin Institute of Technology has been developed into a construction base for personnel training, with a solid academic foundation and an accumulation of results after 10 years of the establishment of teaching system. This paper states the present situation of postgraduate education and analyzes the running orientation of Landscape Architecture Specialty in Harbin Institute of Technology. Furthermore, it puts forward the construction scheme of the training system of the professional master's practical ability: to build a double qualified teachers team, a teaching mode integrate with ability—oriented admission selection mechanism production, study and research, a teaching platform with a combination of theories and practices, a cognitive experiment teaching platform and practice base. Through emphasizing the importance of practical ability to meet the general requirements of the education department in the training scheme of Landscape Architecture Master degree and totally with its running orientation and features.

Key words: Practical Ability; Training System; Landscape Architecture; Professional Master's Degree

一、研究背景

风景园林是一门应用类、实践类的学科，必须以其实用功能为人们服务。教育部自 2009 年开始，从政策导向上对我国研究生教育结构进行重大调整，将从过去的培养研究型研究生为主，转变为培养应用型研究生为主。风景园林教育要主动适应社会发展的需要，深化教育教学改革，培养社会真正需要的现代风景园林专业人才。哈尔滨工业大学风景园林学科依托建筑学院（始于1920 年）悠久的历史积淀和雄厚学术基础，1994年开始在建筑设计及其理论专业博士点中培养风景园林方向博士生，2003 年获得城市规划（含风景园林）博士学位授予权，2005 年获得全国首批风景园林硕士学位授予权。随着景观设计师在中国的影响力不断扩大，我们的教学不再局限于专业知识的传授，而以促进学生知识、能力和素质的一体化成长为目标。

二、培养体系构建

哈尔滨工业大学风景园林学科专业硕士的培养计划中，培养体系构建以实践工程项目为导向、以实践能力培养为目标，具体包括：双师型教师队伍的建设，以能力为导向的招生选拔机制，"产、学、研"一体化教学模式、理论与实践相结合的教学平台，多样化的评估体系，实验与实践认知基地等。

1. 建设"双师型"教师队伍

景观系现有教职员工 31 人，博士化率达68%，同时聘任国内外著名景观设计企业中的领军人物共 6 人为我系兼职硕士生导师，打造专兼结合、结构合理、高素质的师资队伍。本学科"双师型"教师结构比例为 30%，突破以往高校教育中重理论、轻实践，重知识传授、轻能力培养，以及师资队伍建设和评价上偏重理论水平的情况，从而使理论教学和实践教学正确定位、有机结合，适应以学生实践能力培养为主线的职教理念。同时，学科与国内外知名大学及科研单位积极建立合作关系，出台优厚的双师型人才引进政策。

2. 能力为导向的招生选拔机制

学科聘请业内有一定学术造诣且熟悉研究生教学培养和招生过程的专家，制定包括学院招生宣传材料的编写、考试科目与大纲的制定、考试命题与评卷、复试计划制定、复试资格审查、复试命题与评卷等工作。主要考察考生的综合素质和业务实践能力，从而突破应试教育的弊端，更合理地对考生的现有能力和研究潜力进行评定。

硕士研究生的录取标准综合考虑到以下几方面：（1）考生本科阶段的学习成绩及实习经验；（2）资格考试水平；（3）专业课成绩；（4）复试综合素质表现；（5）在职人员还应参考其工作实绩。同时加大复试力度，考核内容包括：基础知识、专业知识、实践能力、逻辑思维能力和语言表达能力等方面。这在我国硕士研究生招生考试改革中迈出了积极的一步。近三年来，报考哈尔滨工业大学风景园林专业研究生人数都数倍于计划招生人数，使得择优招生工作有了数量和质量方面的保证。录取生源本科专业与研究生专业对口情况很好，集中在风景园林、艺术设计、城市规划三类本科专业。录取生源在本科毕业院校本科期间取得骄人成绩，90% 的学生在本科期间取得过各类型奖学金。学科不断总结正、反两方面的经验，并积极借鉴国外关于研究生招生考试的有益经验，从而更加科学、公平、合理地为国家选拔优秀人才。

3. "产、学、研"一体化实践教学模式

学科整合哈尔滨工业大学景观（国际合作）研究中心、城市与景观（深圳）研究中心、城市规划设计研究院景观设计研究所、建筑设计研究院景观设计中心等企、事业单位，形成具有一定规模和影响力的科研团队、示范中心和产业基地链。在实践教学中广泛采用项目驱动的教学模式，强调从构思、设计、实现到运作的完整的构建过程来培养学生的工程实践能力。近年来先后完成的大型横向科研项目 63 项，项目金额达 2000 万元，获省部级以上的优秀设计成果奖 12 项。

同时，学科还积极建立跨国、跨校联合培养实践基地，与美国鲍尔州立大学、美国佛罗里达大学、美国路易斯安那州立大学、日本千叶大学、加拿大蒙特利尔大学等多所著名大学建立了稳定的学术交流联系，世界范围的学术研究网络为风景园林学科的建设和发展提供了巨大的优势条件和良好发展机遇。多个国内外知名设计单位、知名企业为我校提供实习机会，联合设立奖学金、合作开展设计竞赛、建立实习基地等。同时，积极发挥校内学科交叉优势，与市政学院、计算机应用技术、土木工程、管理科学与工程等学科密切合作，开展基于学科交叉研究与科研创新的实践能力培养模式。

此外，坚持学以致用、服务在地的治学方针，学生对知识点的掌握紧密依托实践环节。鼓励学生在各自导师的指导下开展结合地域特色的设计实践，教师课程教学与学生毕业论文的写作都鼓励学生对所参与实践作品进行解析。实践能够促进知识在运用中得以消化吸收，实践是专业型硕士研究生教育的核心环节（表1）。

近年已毕业风景园林专业硕士研究生论文选题统计　　　　　　　表1

序号	论文题目	选题定位
1	基于旅游视角的资源型小城镇规划研究——以玉泉镇为例	地域特色旅游资源的景观规划研究
2	查哈阳农场寒地农业休闲景观设计研究	
3	亚布力滑雪旅游度假区规划研究	
4	兴城部队干休所环境景观更新改造设计研究	寒地城镇建成区景观更新研究
5	哈尔滨市南岗区街头绿地景观规划设计研究	
6	讷河市中心街道景观设计研究	
7	伊春市金山屯区中心镇绿地系统规划研究	
8	哈尔滨城市公园导识系统设计研究	
9	哈尔滨华能小区屋顶绿化设计研究	
10	齐齐哈尔市滨水区空间规划和开发策略研究	寒地滨水湿地景观规划与设计研究
11	大庆市黎明河滨水区景观规划设计研究	
12	城市滨河区景观规划设计研究——以沈阳北运河滨河区为例	
13	哈尔滨市太阳岛国宾园生态护岸景观规划设计研究	
14	基于城市扩张的寒地城市湿地公园景观设计研究	

4. 理论与实践相结合的教学平台

由于专业型硕士研究生的关注点不同于学术研究型硕士，因此在该学科制订了有针对性的课程设置方案（图1）。本专业硕士生源主要有农、林、工学以及建筑学学生，课程教学目标是使得专业型硕士研究生在专业素养、知识储备以及思维方法上有全方位的提升；在设计方法与设计技巧上，能够将所学的知识融会贯通。学科及时更新风景园林研究生培养方案，规范实践类研究生培养的各个环节，加强课程建设，组织编写课程教学大纲，积极建设实践类教学精品课程；培育主干课程师资队伍，培养风景园林教学名师；鼓励学科间的交叉选修课程。

学科具体采用探究式课堂教学和实践教学新理念。一是重点更新教学观念，从过去的"以教师为中心，使学生知道什么"的传统教育观念，转变成"以学生为中心，学生学到和用得怎样"的新观念，引导学生主动学习；二是在教学过程中教师应提出问题引导学生思考研讨，培养学生分析问题和解决问题的能力；三是在大部分专业课和专业基础课中都设置了课程实验，包括验证性、设计性和综合性等不同层面的实验教学；四是采用边讲边讨论的灵活方式，让学生成为课堂上的"主动者"；五是突出培养学生的自学能力、交流沟通与表达能力；最后是利用"产、学、研"一体化平台，设置丰富的实践与实习项目。

5. 多样化的教学评估体系

传统的教学评估体系是通过学生的期末考核而体现的。风景园林专业作为实践性很强的学科，考察的重点不应是纯粹的理论，而必须加大实践能力考核的力度。学科鼓励教师采用不同的有效方法衡量学生的专业知识、实践能力、团队合作能力等。例如除了采用传统的笔试方法外，教师可采用口试、项目调研论文、学生互评和自评等方式来评价学生学习情况。考核方式的多样化促使学习方式广泛化，并能建立更完整可靠的评价系统。此外，由于学生的实践项目大多从参与实践设计工程中获得，因此对学生能力的评价不仅要来自学校教师和学生群体，也来自校外实践基地等部门。

学科每学期举行两次工作会议，进行交流、研讨和总结，具体包括：学生对实践问题解决的能力、动手实验能力、系统思考能力以及专业态度等相关问题；学生人际交往能力，即团队协作和交流能力；深入开展"构想－设计－实施－运行能力"的研讨；学生在景观工程设计、景观设计的实施、操作等实践能力的培养等。

6. 打造实验教学平台与实践认知基地

借助学校"211工程"与"985工程"的资金支持，学科致力于打造具有一定水准的科研平台，目前拥有1个省级重点实验室——"寒地景观科学与技术实验室"，另外参与建设多个国家级、省部重点实验室及研究中心的建设。寒地景观科学与技术实验室下设四个方向：寒地城市景观规划设计理论与方法，寒地景观工程技术与微环境模拟分析，寒地景观生态格局建构与

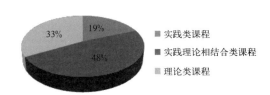

图1　理论与实践类课程设置比例

19%　实践类课程
48%　实践理论相结合类课程
33%　理论类课程

可持续技术，景观遗产保护与规划。具体含纳的景观实验平台包括：生态技术实验平台，物理环境实验平台，数字化技术实验平台，安全及行为心理实验平台。为教学科研工作的开展、理论知识转化为实践技能的培养，提供了坚实的技术保障（表2）。

哈尔滨工业大学风景园林学科实验室及研究中心建设参与情况　　　　表2

序号	实验室类别	实验室名称	批准部门	批准年月
1	省部级重点实验室／基地／中心	寒地景观科学与技术实验室	黑龙江省科学技术厅	2012.12
2	省部级重点实验室／基地／中心	寒区低碳建筑黑龙江省工程研究中心	黑龙江省发展改革委员会	2009.12
3	省部级重点实验室／基地／中心	寒地建筑科学实验室	黑龙江省科学技术厅	2010.04
4	省部级重点实验室／基地／中心	国家级工程实践教育中心	教育部	2012.11
5	省部级重点实验室／基地／中心	黑龙江省绿色村镇建设工程技术研究中心	黑龙江省科学技术厅	2012.12
6	省部级重点实验室／基地／中心	国家级虚拟仿真教学示范中心	教育部	2015.01

此外，学科近年来先后与哈工大科技园、黑龙江植物园签署联合教育基地，采取创新人才培养模式，充分体现"实现"环节的验证。其一，学生能够系统地得到构思、设计、实现、运作的整体训练，重点训练学生的工程实践能力；其二，能够促使学生体验团队协作和互信互助的意义，也有助于其对相关知识的理解和灵活运用，在实践中学真知。

三、结论

为了满足社会和市场对风景园林学科人才的需求，结合我校风景园林专业建设实际和人才培养定位，构建了以项目设计为导向、以实践能力培养为目标的实践教学体系。结果表明，实践能力培养体系能较好地激发学生学习热情和学习兴趣，使学生在风景园林基础知识、个人能力、团队能力和实践能力4个方面得到全面的训练和提高。该教学体系激发了学生的实践积极性，使学生的积极主动性得到最大程度的发挥，明显改善了职业素养。未来学科也将不断完善实践能力教学体系，从体制、实践、资源优化环节等方面进一步完善，培养适应我国风景园林学科发展的应用型、技能型、创新型人才。

（基金项目：黑龙江省研究生教育教学成果奖培育项目，项目编号：CGPY-201426）

参考文献：

[1] 齐康．尊重学科，发展学科[J]．中国园林，2011 (5)：13.

[2] Fung, Stanislaus. Mutuality and the Cultures of Landscape Architecture[M]//Corner J.Recovering Landscape：Essays in Contemporary Landscape Architecture. New York：Princeton Architectural Press, 1999：143.

[3] 陈烨．基于知识点的风景园林建筑教育框架研究——以东南大学风景园林专业学位硕士研究生教育为例[J]．中国园林，2015 (2)：101-105.

[4] 欧百钢，刘伟，郑国生．风景园林研究生教育改革与发展对策研究——以北京林业大学园林学院为例[J]．中国园林，2007 (5)：1-6.

作者：赵晓龙，哈尔滨工业大学建筑学院景观系 系主任，教授，博导；李同予，哈尔滨工业大学建筑学院景观系 系主任助理，讲师，博士后

基于"R-O-D"理念的哈尔滨工业大学风景园林专业境外开放设计教学探索

夏楠　赵晓龙

Teaching Research of the Overseas Open-Research Workshop in Landscape Architecture of Harbin Institute of Technology Led by R-O-D Concept

■摘要：为培养适应风景园林学科发展需要的高素质人才，哈尔滨工业大学围绕"卓越工程师培养计划"，在教学中设置了"开放式研究型设计"课程，三年内相继与美国鲍尔州立大学、中国台湾地区辅仁大学、美国华盛顿大学进行了为期各10天的联合开放设计教学。课程以培养学生自我发现与解决问题的能力为导向，通过"研究型"课题设置、"开放式"全周期教学过程、"多元化"评价体系为教学特色，拓展学生国际学术视野，丰富专业知识结构，为风景园林专业的设计类课程教学做出了积极而有益的探索。

■关键词：风景园林 "R-O-D"理念 开放设计 教学特色 教学反思

Abstract：To cultivate high-quality talents to satisfy the needs of the landscape architecture subject development, Harbin Institute of Technology around the "outstanding engineer training program", set up an "Open-Research workshop" course during the teaching. And HIT, Ball State University, Fu Jen Catholic University, University of Washington conducted a 10 day joint Open-Research workshop. The course is to cultivate students' ability to discover and solve problems. Through the research of "Research", "Opened-end" the whole cycle teaching process, "Diversification" evaluation system for teaching characteristics, expand the international academic perspective, enrich professional knowledge structure, and make a positive and useful exploration for the design of landscape architecture.

Key words：Landscape Architecture；R-O-D Concept；Open-Research Workshop；Teaching Characteristics；Teaching Reflection

1 教学模式探索的背景

1.1 "开放式"的教学模式演进

"开放式"教学源起于20世纪30年代的美国进步主义教育家，20世纪50年代起在英国开始大范围推行，自 20 世纪 70 年代以来在美国和欧洲各国被广泛运用于教学实践。科恩创建的"课题讨论模型（英文）"、"开放课题模型（英文）"（1969 年）和斯皮罗创建的"随机通达教学"（Random Access Instruction）（1992 年）都是"开放式"教学的典型理论模型。"开放式"教学强调学习是学生主动建构的内部心理过程，教师的角色是"导师"与"教练"，要发挥教师的指引作用，注重对学生兴趣的激发，教育的目的不只在于传道、授业、解惑，更在于培养学生人格，拓展视野。可以说，"开放式"教学翻开了教学模式改革的崭新一页。

1.2 "研究型"的人才培养导向

时代的发展不断赋予教育崭新的使命。斯坦福大学前任校长卡斯佩曾指出："在大学和工业界有很多有关大学技术转移的议题。然而，知识转移的最成功的方法是培养能够探究知识，然后能在工业、商业、政府和大学自身中起领导作用的一流学生。"在此之后，一些世界著名高校采取多种措施用以强化本科阶段教育的研究型和创新性培养。在国内，随着"211 工程"和"985 工程"的实施，一些高水平院校也陆续开始了研究型教学模式的探讨和实验。研究型教学倡导"以探究为基础，而不是以传递信息为基础的学习"，学生需要从原有知识和文化的被动接受者转变为主动探索者。

新时期风景园林专业的人才培养目标不能局限于仅仅产出一些遵照行业规范要求简单机械地完成设计任务的绘图员的层次，而要提升到塑造有独立甄别能力和独特视角的设计师的高度。哈尔滨工业大学风景园林专业一直把大四年级的设计课看作承前启后的重要过渡环节，在学生前期基本训练和专业素养的基础上，通过开放设计课程进一步拓展他们的设计视野，使他们了解更多影响设计的因素，培养学生综合解决复杂问题的能力。因此，在大四年级以"学术活动月"的形式进行教学改革尝试，围绕开放式和研究型两个主题开展设计实践，力图改进现有教学模式，探索育人成才新路。

2 教学模式的设计

"R-O-D"的三个字母分别代表研究（Research）、开放（Opened-end）、多元（Diversification），是以问题为中心的教育教学理念，是以培养学生的创新精神和实践能力为核心的教学活动方式，注重思维开放、过程开放、评价多元，是与传统的灌输式、封闭式的知识传授有别的教学模式。

传统的风景园林专业教学模式以教师为中心，教师单方面地灌输知识，学生被动接受，这种"权威"教学方式使学生对专业知识的理解停留在理论表面，而缺少深入挖掘过程。随着加拿大麦克马斯特医学院成功地将以问题为中心的教学模式引入教育界，越来越多的高校将此教学模式运用到研究性教学中。

以问题为中心的研究性教学是由教师提出与课程相关的问题，或由学生参与或独立提出相关问题，然后围绕提出的问题进行调研，以研究性的思维去查阅资料，通过分析资料与理论验证，提出相应的观点或解决方法，使学生在解题过程中获取并应用知识，培养创新精神与实践能力。学生对问题进行研究与实践的过程，能够帮助他们构建完整和全面的知识框架，将专业知识与实践相结合。而整个的学习过程中，最重要的不是给定问题的解决，而是寻找解题过程中所经历的认知与思考的思维过程。因此，风景园林专业教育中引入和推广以问题为中心的教学方式，能最大程度地调动风景园林专业学生主动探究问题的积极性，提高研究能力。

本文重点阐述的基于"R-O-D"理念的开放设计课程是以英国 AA 建筑联盟学院的单元教学体系为原型，以我校具有海外访学背景的教师与境外教师组合担任指导教师，以教师与学生双向选择的方式选课分组，以解决实际项目问题为出发点设计题目，采用以问题为中心的方式开展研究，本着多角度、多层次、多领域的原则进行设计，同时在教学环节中发挥出国际交流的优势。

2.1 "研究型"课题设置

开放设计课程在选题上需体现研究特性，契合当今风景园林发展的时代特征，代表着国际风景园林界主流的研究方向。在题目设计过程中，从合作单位的知名学者、设计师的自身优势研究领域出发，设置各具特色的研究性题目。同时，在拟定任务书时，尽量减少限制条件，将更多的"权利"交给学生。

（1）"学科热点"类课题：2014 年与中国台湾地区辅仁大学合作，积极探寻基于微气候优化的城市开放空间风景园林规划设计方法与手段。2015 年与美国华盛顿大学合作，关注生态基础设施设计这一当今风景园林的热点问题。通过设置研究型的设计选题，引导学生关注文化、社会、生态科学乃至这些思想在风景园林设计中的运用。

（2）"设计实践"类课题：2013 年与美国鲍尔州立大学合作，将设计题目的焦点投射于具有突出社会问题的实践项目上，以参与式的设计方法关注建成环境与城市更新过程中的冲突与融合。我们邀请职业设计师担任合作教师，旨在希望职业设计师广泛地参与到我们的风景园林设计的教学中，能够把他们在实践中的真知灼见，对于风景园林设计未来发展的看法融入课程设计里，与学生充分交流，让学生放开想象力和创造性的同时，对实际的风景园林设计师职业生涯有所了解。

2.2 "开放式"的全周期教学过程

"开放式"教学是 20 世纪初由英国人尼尔提出："教育的终极目标是培养人的自由、平等、互助、自信"理念的提炼和升华。"开放式"的教学主旨在于培养学生独立性、创新性和综合性。教学过程的开放性应是非静态的，随时间和空间呈全方位、多角度的动态变化。其特征主要体现在教学内容的开放性、教学空间的开放性、教学手段的开放性

（1）课前的思考：开放设计研究性的教学设计只提供给学生一个框架，要求学生在结合地域文化、场地特色等基础环境背景为前提，通过多角度思考提出设计问题。我院的开放设计的"国际活动月"安排在春季学期开学的第一个月，境外的教学时间为国际月的第一个教学周，这便要求开放设计课程在秋季学期末进行设计课程的任务下达，通过一个假期的前期资料调研分析以及任务分解，以期学生在课程开始便能快速地进入状态。

（2）课中的互动：研究性教学以讨论方式展开教学，极大地促进师生之间的相互学习和交流（图1）。即便是以讲座方式展开，也应有意识地加入讨论环节。同时开放设计课程将课堂在时间和空间充分延展、分解和转换。教师和学生可通过网络等多样性、多渠道方式进行师生互动与交流，随时随地根据需要展开课堂，将传统只局限于教室的授课时间打散、重构，逐步形成学生的主动思考的学习模式。

（3）课后的反馈：每年的开放设计课程结束后都会把教学思路和策略的探索、优秀的学生作业等汇聚成专辑出版。并将成果以专题汇报、主题研讨、系列讲座、成果展览等形式进行阶段性整体展示，创建交流平台，以此为媒介促进其他年级、院系教师和兄弟院校之间的交流。开放设计教学成果的定期总结与研讨在展现教学的多样探索的同时，也表明了专业立场。

另外，开放设计课程的教学需要保障学生自由学习和探索的时间，研究性教学需要有学生的自主学习的配合。我院在教学安排上，将教学时间整合在每春季学期第一个"学术活动月"的时间内，并取消这期间内的通识教育课程，将时间"还给"学生。

图1 多模式的教学互动

图2 学生成果展示

（左上图为"城市建成区风景园林更新规划设计"课题成果，右上及下图为"解读西雅图生态基础设施规划"课题成果）

2.3 "多元化"的教学评价

以往风景园林设计的教学模式是在教学全周期完成之后由设计成图和模型来进行课程的最终考评,学生在成果考评阶段没有任何的话语权。实施开放式研究型设计课程模式,从考评形式、考评主体、评价内容等多方面进行调整。

通常情况下,开放设计课程会有 3～4 次的评图安排。其中,中期评图和终期评图是两次最为重要的公开评图。由学生对课程设计进行自我阐述,由任课教师和评图导师组成的评委进行参与。

(1)多样化评价指标:开放设计课程的成果评价的指标应摒弃以单一性的知识能力为主的结果性评价,突出学生对风景园林专业知识的创造性运用、组合能力的评价,重视对学生研究与创新能力及其结果的评价。包括参与研究性学习的态度,在研究性学习过程中掌握科学研究的方法和技能,创新精神和实践能力的发展状况以及学习的结果。这种多样化的评价方法将极大促进学生学习能力的全面发展。

(2)多元化的评价主体:除了任课教师外,在评图环节邀请知名专家和一线风景园林设计师作为"评图导师",将优质的社会教学资源引入到评价环节中。而在学科界限更加模糊的今天,除专业人士外,还应特别邀请一些其他相关专业的学者和艺术家参与到教学评价环节,为学生提供多方位的视角和思考(图 2)。

3 开放设计的实施成效

三年来,哈尔滨工业大学风景园林专业开放设计的实施情况,在研究型、开放式、多元化理念指导下,取得了一些成绩,积累了宝贵的教学经验和教改方法(表 1)。

2013～2015 年度"开放式研究型设计"课程情况表   表 1

时间	题目	课题类型	合作机构	合作导师
2013 年度	城市建成区风景园林更新规划设计	学科热点	美国鲍尔州立大学	Jody Rosenblatt-Naderi Bo Zhang
2014 年度	寒地与热带地区风景园林气候性适应比较	学科热点	中国台湾地区辅仁大学	张玮茹
2015 年度	解读西雅图生态基础设施规划	学科热点	美国华盛顿大学	Jeff Hou Nancy Rottle

3.1 高效率、拓展性地完成了教学模式探索

为了尽可能高效充分地开展教学模式实践,风景园林专业在三年的时间内不断调整开放设计合作院校,师生队伍踏上了不同文化背景、不同发展阶段的多个国家及地区的土地,与多位专家学者面对面建立起联系,通过对比分析,在较短的时间内形成了较为完备的开放设计操作手册。选择设计题目的思路更为开拓,融合了文化与技术的双重信息,有利于学生基于人文与地理的底蕴开展创造性的研究;走出校园后的行程安排更为妥当,在有效的时间和预算制约下,能够确保既定日程的进度顺利执行,学习效果得到充分保障;开放设计成果的评价方式更为科学,衡量标准与国际接轨,评价指标得以细化,评价过程对提升学生设计水平的作用更为突出。每一年度的开放设计都在前一年度的基础上做出了拓展性的尝试,三年时间构建起来的开放设计教学模式已经可以确保今后开展的设计实践的水准与成效。

3.2 高水准、针对性地解决了实际项目难题

三年来不同的设计选题都源自对实际项目的剖析和解读,带着对解决方案的未知或不确定进行的开放设计,极大地激发了学生们的求知欲和攻关渴望,实践结果的确体现出开放设计对解决实际问题的促进作用。通过在鲍尔州立大学的学习交流,以空间组织方式和生态友好性作为切入点,有效指导了哈尔滨城区某地块风景园林更新设计;通过在中国台湾地区辅仁大学的访学,关注到农场这类有别于一般城镇的风景园林设计主体,与当地师生一道经历了完整的立意、构思、讨论、落图等设计环节;通过在华盛顿大学及西雅图这座城市的驻足徜徉,对国内日益受到重视的生态基础设施设计这一命题进行了深入探究,将先进的设计理念和完备的知识体系留在学生们的脑海中。回到学校后的成果呈现环节中,很多学生都能

够很好地将学习到和感知到的新知识、新理念融入设计思想中，为解决实际项目提供了切实的参考和借鉴。

3.3 高标准、创造性地实现了教学环节回馈

开放设计本身是令学生大为受益的，而在开放设计的操作过程中，专家联系、校际联络、场地调研等行动也对教学育人环节本体带来积极的影响。风景园林专业正是关注到了这些机遇，才在执行开放设计的过程中因势利导、协同推进，带动起整个学科的进步。建立起联系的专家在开放设计后都被邀请到哈尔滨来，以开设课程或讲座的形式针对相关领域指导学生设计；走访过的学校及院系也成为我校或我院的友好伙伴，签署了互派互访的联合备忘录，拓展了国际化合作领域；调研学习的记录和成果也以照片或方案的形式留存下来，成为课堂教学的生动素材，用以指导其他学生。教学改革的成果是否能够反馈于教学育人本体，应该作为教学改革成败与否的衡量标准之一，从这个角度看，开放设计的实践是成功的、有意义的。

4 结语

"R—O—D"理念指导下的开放教学实践在经过了三年的探索后，形成了符合哈尔滨工业大学风景园林专业需要的教学培养模式，被证明为是一种行之有效的教学改革方法。针对实际问题，寻求最专业的专家视角和最鲜活的工程实例，进而实现零距离地接触大师、亲近项目，对于教学效果的保证和学生能力的提高无疑是具有非凡意义的。未来，将考虑进一步丰富课程环节，在现有课程内容的前端增加针对目标学者及项目的信息挖掘，逐步引导学生从解决实际问题的需求出发主动思考、自主学习、自我提升。

（基金项目：黑龙江省研究生教育教学成果奖培育项目，项目编号：CGPY—201426）

参考文献：

[1] 宋晟，许建和，严钧.《建筑设计基础》开放式教学研究初探 [J]. 华中建筑 .2012, 11.
[2] 林健 . 面向卓越工程师培养的研究性学习 [J]. 高等工程教育研究 .2011, 06.
[3] 董慰，吕飞，董禹 . 基于研究性学习理念的设计类课程改革——"开放式研究型设计" 课程探索与实施评价 [G]// 2013 全国高等学校城乡规划学科专业指导委员会年会论文集 . 北京：中国建筑工业出版社，2013.

作者：夏楠，哈尔滨工业大学建筑学院景观系　讲师；赵晓龙，哈尔滨工业大学建筑学院景观系　系主任教授，博导

建筑类院校景观学专业生态规划课程体系探索

——以哈尔滨工业大学为例

刘晓光　吴远翔　吴冰

Research of Ecological Planning Curriculum
System of Landscape Specialty in College
of Architecture——Taking Harbin Institute of
Technology as an Example

■摘要：从国际景观发展走向、国内生态趋势需求以及 LA 一级学科的历史责任角度考察，生态规划与设计能力的培养是景观学专业本科教学的核心内容。建筑类院校的景观学专业在学科发展平台，以及与规划、建筑专业融合等方面都有其独特的优势与资源。本文以哈工大景观规划设计课程体系为例，探讨了建筑类院校生态规划教学体系的策略与模式。针对生态体系的完整性、生态类型的全面性、生态规划的复合性、生态尺度的渐进性、生态教育的操作性，提出课程体系在整体上建立自然生态系统和人文生态系统规划设计两条耦合交织主脉；在两条主脉内部，应设置生态公园规划设计、社区规划、生态基础设施规划等能力训练型课程，以及景观生态学、环境生态学、景观社会学、城市设计概论等知识传授型课程。在培养时序结构方面，应通过"ZZ 型"尺度训练模式，解决生态尺度跨越难题。

■关键词：景观学　生态规划教学体系　人文 - 自然生态复杂巨系统　"ZZ 型"尺度训练模式

Abstract：Study on the trend of international landscape，domestic ecological demand and the historical responsibility of the first level discipline，newborn landscape architecture specialty of architecture colleges should strive to build the ecological planning as core competitiveness，leveraging the ecological trend，establish large scale planning ability and ecological kernel，can proceed with determination．On the whole，an ecological planning core system should be established by two interweaved main veins，including planning of the natural ecological system，and planning of humanistic ecology system，to take the ability of planning the complex giant eco—system of human and nature．In the two main veins，should set ability training courses such as ecological park planning and design，community planning，ecological infrastructure planning etc．and knowledge introduction courses as landscape ecology，environment ecology，landscape sociology，urban design etc．In the aspect of training sequence，the "zigzag" scale training model would be helpful to solve the problem of striding across ecological scale.

Key words: Landscape Architecture; Eco-planning Teaching System; The Complex Giant Eco-System of Human and Nature; "Zigzag" Scale Training Model

1 背景问题——新兴专业如何建构核心竞争力

对于建筑类院校新兴的景观学（Landscape Architecture，亦译风景园林学）专业[1]，面临着相近学科间竞争、老院校优势压力、师资不足、积累薄弱等劣势，对此，战略上是亦步亦趋、东施效颦，还是审时度势、迎头赶上？战术上应该如何自我定位、形成特色，建立稳定、科学、可持续教学体系？最重要问题是，如何打造核心竞争力，能否站在国际学科发展与社会需求前沿，能否建立比较优势？哈尔滨工业大学景观学专业通过2009年以来的实践，形成了以生态规划为核心的教学体系[2]，所累积的经验和思考希望可以回答上述问题。

1.1 学科发展方面的转型挑战

如果要建构核心竞争力，必须洞察并顺应学科发展与行业需求的总体长期趋势，才能保证长久，否则因循守旧或投机取巧都难以持续。从当代国际发展趋势与国内需求角度考察，生态规划是全球性生态危机背景下景观学科的重要工作范畴，既是国际学术前沿主题，也是今后中国城乡社会生态可持续发展的核心工作。目前在生态城乡建设方面已经对生态规划提出了紧迫需求，如国土生态功能区划定、市域生态红线划定、生态城市规划、海绵城市规划、生态社区规划等，这些需求既对传统规划体系提出挑战，也相应地提供了新就业空间，以及形成行业新格局的机遇。

生态规划是对于自然生态系统与人文生态系统进行整合性规划[3]。在策略层面，生态规划是系统性而非单一性解决社会与自然关系的综合方法，是在土地与空间领域解决生态危机的重要途径。在操作层面，生态规划也是抓住城乡建设上游主动权的重要途径。只有占据中国城乡发展规划与建设的上游，抓住中、宏观尺度影响力大的决策与规划工作主导权（如为传统的经济与社会规划、城市规划、土地规划等法定"三规"划定生态红线），才能抓住法规、政策支持和资金投入的关键环节，形成多赢格局，才能有效达成生态保护、生态恢复、生态构建的理想目标。由于传统生态学研究缺少空间手段，传统城市规划缺少生态方法[4]，这就要求景观学科承担起生态规划的历史使命，尽快提供可操作的理论、方法、人才支撑，并完成自身从传统人文设计向复合生态规划的历史转型。

这种学科与行业发展带来的挑战，正是新兴专业快速形成自己核心竞争力和教育特色的契机，因为生态规划正是传统景观教育体系中的薄弱环节，是一个公平的新起跑线。学科转型的关键问题是，如何抓住自然生态规划的重点，如何整合自然与人文生态规划两个系统。

1.2 人才培养方面的竞争挑战

在景观规划设计领域，建筑类院校景观学专业的竞争伙伴主要有建筑类院校的城乡规划与建筑学专业、美术类院校的环境艺术专业、农林院校的风景园林专业等。相对而言，这些不同院校背景的专业各有长板和短板。相近学科里的城乡规划专业，优势是大尺度规划、人文景观规划，不足在于生态规划缺失。建筑学专业，优势是小尺度规划、人文景观设计，不足在于生态设计、大尺度规划缺失。环境艺术专业，优势是小尺度造型能力，不足在于生态设计、大尺度规划缺失。本学科内的传统农林院校的优势在于小尺度园林、植物造景，不足在于对于设计能力稍弱、生态规划缺失、规划设计尺度较小。

综合分析可以看到，新兴景观学科比较优势可以建立在生态（自然生态、人文生态、复合生态）、尺度两个基点上，生态规划特色应该作为核心竞争力。

从中国景观学科发展的必要性角度考察，大尺度的生态规划是与传统强势学科（如建筑、规划）间竞争格局中的最佳生长点与核心竞争力。作为新的一级学科要在相关学科夹缝中发展，景观学科必须占据目前被忽略然而极为重要的战略高地——生态规划，以生态为技术门槛，以规划为尺度门槛，以法定规划为实现门槛，才能形成核心竞争力，才能脱颖而出。

从建筑类院校景观学专业发展的可行性角度考察，生态规划能够发挥建筑类院校传统优势。建筑类院校大多具有人文生态系统规划（城乡规划学科）、环境生态（环境工程学科）、工程体系设计（建筑学科）、基础设施规划（交通、市政学科）等多方面传统优势基础。新办专业以此为成熟平台，如果再强化一下自然生态规划，以及生态－人文生态整合，就可以快速建立自己的特色专长，形成以整合自然与人文 2 个生态系统、构建生态复杂巨系统为核心能力的成熟稳定的核心体系，以新体系开辟新战场，扬长避短，迎头赶上。难点是，如何架构自然与人文生态课程体系，如何完成从微观到宏观不同尺度的教学，并与学生的接受能力时序匹配。

2 总体策略——突出培养生态整合能力与跨尺度规划能力

如果把生态规划确立为学科、专业的核心竞争力，那么生态规划课程体系就是专业教学体系的核心。打造这个生态规划教学核心需要解决两个关键问题：

一是生态整合问题，即如何将自然生态、人文生态有机整合，从而改变传统自然生态规划由于局限于单一保护而无法持续的问题，以及人文景观内在深层缺少生态理论支撑而流于表面形式化的局限。

二是尺度跨越问题。尺度是生态规划与景观领域中非常重要的范畴，决定着不同对象的内在机制和研究方法 [5]。生态规划训练要解决不同尺度的问题，如果从学生接受能力时序考虑，从小至大训练容易接受。但从实际工作流程方面考虑，又需建立先大尺度规划，再指导下位小尺度设计的思维逻辑。如何协调两个相反时序，需要提出明确策略。

2.1 以整合自然生态与人文生态为目标

广义的生态规划是对于自然生态系统与人文生态系统进行整合性规划。其中自然生态系统规划主要解决景观生态方面的理想格局建构与环境生态方面的保护与修复 [6] 等方面的空间问题，规划对象包括国土到市域尺度的 SP，城区尺度的 EI，社区尺度的生态公园等。人文生态系统规划主要解决社会生态、经济生态、文化艺术方面的空间问题，规划对象包括城乡社区系统规划、综合性城市设计、城市景观设计等；整合性规划是要把原来分离自然与人文有机整合成整体生态系统，最终实现人类与环境可持续发展。

因此要建构自然生态、人文生态两条主脉，交织而成生态规划课程核心骨架，再组织相关知识类的原理课（如景观生态原理）、选修课（如生态城市概论）、实习课（植物实习1、2），形成重点突出、主辅相生的系统结构。

自然生态、人文生态两条脉络可以先从小而全的综合性庭园设计开始初步的一体化整合训练，然后开始分开，经由生态公园规划与设计、社区规划与设计等课程分别进行自成系统的自然与人文的专项性深度训练，最终再由城市生态基础设施与城市概念规划、区域景观规划、毕业设计等综合性课程来完成深度的整合性训练。

同时并行设立快速规划设计能力线，通过数次快速设计课训练，培养快速解决关键问题的能力。

2.2 以"ZZ 模式"打造跨尺度规划体系

生态规划能力培养中，核心与关键难题之一是尺度跨越。而从毫米级到公里级的尺度跨越，是要在有限学制周期里解决的难题。

从教学角度，大尺度训练要从小到大逐步升级，不能有尺度缺环。因为在毕业后，景观师如果以一己之力从小尺度设计跨大尺度规划是非常困难的。相反，如果经历从小到大逐步升级尺度的系统训练，未来再从大尺度做回小尺度就比较容易。因而在本科阶段要一步到位，从人机微观尺度训练出发，一直扩大到区域宏观尺度，形成扎实的跨尺度能力。不能采用抓大放小（如某些城市规划教育体系）或抓小放大（如多数建筑学教育体系）的方式。

从职业能力角度，景观学专业培养体系的目标是要做大尺度生态规划，但也要兼顾小尺度设计，要形成跨尺度能力，以面对未来的不定性。

因此，应该建立"ZZ"（zigzag，锯齿交错）型教学模式，通过整体上的由小至大、局部性的由大至小，交错上升的尺度变换磨炼方式，形成大小尺度贯通、人文与自然生态贯通、工程设计与生态规划贯通的能力，建立跨越尺度的底层源代码。

整体上，教学版块之间，尺度由小至大，从小尺度工程设计能力训练开始，逐步形成大尺度复杂巨系统的规划能力。以康德的完满性（设计学科的功能、技术、形态 3 大系统的有机整合）为评价标准，系统涵盖学科领域基本的尺度、类型、理论、方法、技术。

局部上，教学版块内，课程尺度由大至小，与整体相反相成，形成锯齿型 ZZ 结构。一是为建立全局观念的系统思维方式，从基础科学分析到概念创意，每个小细节都以上位规划为依据；二是为熟悉实际工作程序，先规划后设计，既保证整体性、连续性，又能深入细部构造。每个单元内的大设计课（如生态公园规划＋生态公园设计，社区规划＋社区景观设计），要求连续占用一个学期时间，由一个大主题，贯通两个相关的上位规划（概念规划、项目策划、各系统规划、总体规划）与下位设计（节点、技术、形态）。

由于训练是从微观设计开始，逐渐到宏观规划，所以不必担心小尺度能力缺失。相反，由于具有宏大视野，返身做小尺度设计时会跳出窠臼，形成更理性、更新颖的作品。

3　操作策略——建构生态规划课程复合系统

3.1　自然生态规划主脉建构

生态规划教学包括主导性的规划设计能力训练部分，以及支撑性的原理传授部分。

规划设计类课程系列，重点强调生态学原理的应用能力，主要研究生物多样性、自然资源保护等格局规划设计[7]，但要把人文生态与城乡社会发展作为重要影响因子来考虑，主要包括：先行基础课程为植物景观设计、场地设计；核心课程为生态公园规划、生态公园设计。

生态公园规划、生态公园设计两门关联课程构成核心版块。生态公园规划要求结合景观生态学原理、景观规划设计原理、场地设计、景观工程技术等课程，以自然生态系统为对象，综合解决生态安全格局、生物多样性保护、雨洪管理、水体净化、棕地修复等诸多问题[5]（图1），是后续的生态公园设计的上位指导。下位的公园设计课，在上位规划课中选择合适地段，按照规划导则继续深化设计，侧重环境修复技术、生态工程技术以及重要节点设计、细部构造设计。

同时，要求人文生态线上的规划设计课程，如社区规划、社区设计、城市设计等，也要以场地生态分析、生态设计为基础进行工作。

原理类课程系列，设置景观生态学（侧重空间格局）、环境生态学（侧重环境修复）、生态伦理学（侧重哲学）、景观植物学（侧重植物应用）、地理与水文学（补足基础地理知识）、环境影响评价（侧重与产业规划、环境规划对接）等课程。

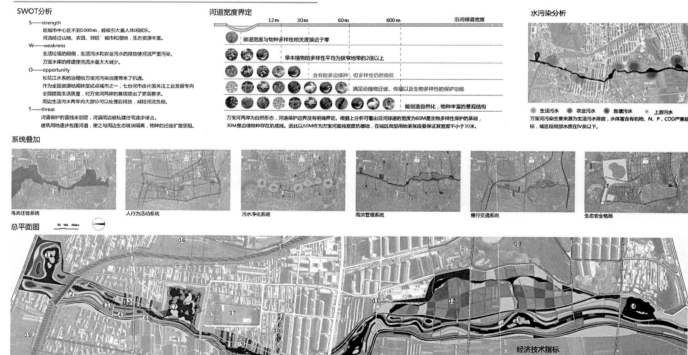

图1　生态公园规划作业

3.2 人文生态规划主脉建构

人是整体生态系统中的最主要影响因子。人文生态系统课程研究强调对于聚落、城市的社会、经济、文化等内在生态规律的把握和对人居环境的原型与演变机制的理解，同时，要熟悉现行法定规划体系的方法、标准，以期能够完成多规融合的任务。但要把自然生态作为重要影响因子来考虑。

规划设计类课程系列，先行基础课程包括建筑设计基础、景观建筑、庭园设计、住宅与选型；核心课程是城市设计（社区规划）、城市（社区）景观设计等课程。

城市设计（社区规划）与城市（社区）景观设计两门关联课程构成核心版块。城市设计的本质是设计社区，因为社区是人文生态系统的基本模式，不仅是社会学概念，也是城市、村镇、聚落的空间结构原型，是城市的细胞单元和复层系统架构，从实体社会到虚拟网络社会，都有着普遍、永恒的生命力[8]。

城市设计课以居住、教育、科研、产业或复合功能为目标，进行以高效集约、功能混合、社会生态、文化包容、人性友好为特征的主题性社区规划（图2），取代导致城市破碎化、多样性丧失、交通成本激增、环境恶化等城市病的以小区模式衍生的城市设计[9]。用城市设计（社区规划）完成过去城市设计、小区规划两门课程目标，省出课时设置更大尺度的城乡概念规划。同时要求反推指标，生成简要的控规成果，并尝试将生态指标（如地面透水率、生态网络接口等）渗透进入现行规划指标体系，以获得可操作和有法定保障的成果。

下位的城市（社区）景观设计课，在上位城市设计（社区规划）课中选择合适地段，按照规划导则继续深化景观设计，侧重传统的人文景观、游憩活动、审美活动研究与设计。

原理类课程系列，设置景观社会学（侧重社会生态）、古代景观史论（侧重古代智慧）、现代景观思想与方法（侧重现代成果）、城市史论（侧重复杂系统演进）、建筑史论（侧重工程系统演进）、城市设计概论（学习成熟的方法）等。

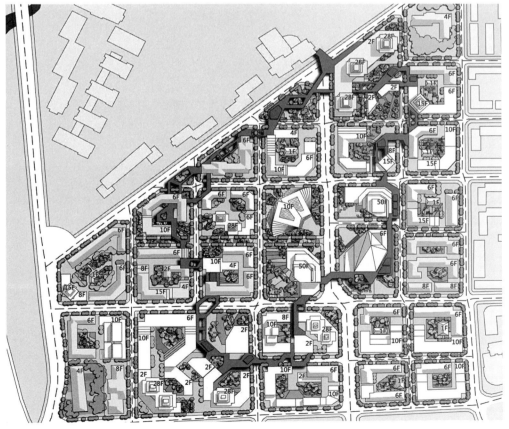

图2 社区规划作业

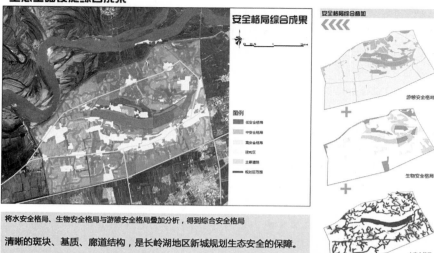

图3　城市生态基础设施（EI）规划作业

3.3　人文－自然生态双脉整合系统建构

规划设计类课程系列，开设城市生态基础设施（EI）与发展概念规划、区域景观规划等课程，打造在区域、市域、中心城区等各级尺度下，整合空间环境、社会经济、道路交通、生态网络等复杂巨系统的驾驭能力。

城市生态基础设施与发展概念规划课程的目的，是要综合运用前期训练完成的规划设计能力与知识，从生态复杂巨系统规划视角出发，以"EOD"为目标，以生态规划为核心，应用"SEE"模式，整合传统"三规"（土地利用、城乡建设、社会经济），以城市生态基础设施建构城乡生命支撑系统，提出引导城乡可持续健康发展的解决策略与方案[10]（图3）。区域景观规划作为涵盖性较大的弹性课程，可根据需要安排，灵活选择风景区规划、乡村规划或郊野规划，侧重解决市域及区域的规划设计能力。

原理类课程系列，开设区域规划、城乡规划原理、城乡规划管理与法规课程（因目前还没有景观法）、城市道路交通等课程，以便于把生态规划纳入现行城乡法定规划体系以获得政策层面的保障，强化管理层面的实践知识与技术，强化操作性。

毕业设计作为收官环节，力求推进对学科内涵与使命、学科研究范畴、教学体系、毕业设计、生态规划方法、数字技术应用等问题的深入探讨。如完全基于 ArcGis 技术，研究 2500km^2 的市域生态安全格局规划，并在此基础上进行生态红线划定、多规合一探讨。对于水安全格局、林地安全格局、生物安全格局、农田安全格局、游憩安全格局几个方面的研究与综合叠加，提出不同尺度下的高、中、低安全格局（SP）[11]、生态红线，以及控制规划导则，从而打造应对生态环境危机的能力，以及城乡宏观层面的生态规划、总体规划能力（图4）。

4　结语

从国际景观发展走向、国内生态趋势需求以及景观学一级学科社会角色等方面考察，中国景观教育要对生态规划予以充分重视，否则无法承担在国计民生方面的历史重任。特别是对于建筑类院校新兴的景观学专业，生态规划教学体系是打造学科特色、建立核心竞争力的重要途径，也是迎头赶上传统强势院校的核心策略。因此，对于新兴的景观学专业，生态规划教学体系建设刻不容缓，当趁国家生态文明国策、生态建设大潮来临之际，传统院校惯性难改之时，乘轻舟无碍之利，速速策马扬帆，方能借势而兴。

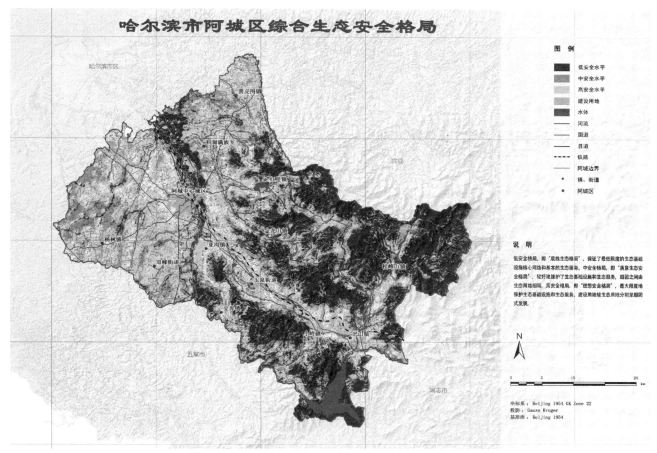

图例

■	低安全水平
▨	中安全水平
▨	高安全水平
■	建设用地
■	水体
—	河流
—	国道
—	县道
- - -	铁路
—	阿城边界
•	镇、街道
★	阿城区

说 明

低安全格局,即"底线生态格局",保证了最低限度的生态基础设施核心网络和基本的生态服务。中安全格局,即"满意生态安全格局",较好地维护了生态基础设施和生态服务。组团之间由生态用地相隔。高安全格局,即"理想安全格局",最大限度地保护生态基础设施和生态服务,建设用地被生态用地分割呈细团式发展。

坐标系:Beijing 1954 GK Zone 22
投影:Gauss Kruger
基准面:Beijing 1954

图4 毕业设计——市域生态安全格局规划

注释:

[1] 关于 LA (landscape architecture) 学科的译名,国内学界在 2005 年前后曾经有一场大讨论,建筑院校多倾向景观,农林院校多倾向风景园林。本文从 LA 学科发展以及与生态、地理等相关大学科群整体内涵协同角度,取第一种用法。

[2] 关于哈工大景观学整体培养计划的研讨将另文详述。

[3] Ian McHarg. 设计结合自然 [M]. 天津:天津大学出版社,2006:3-4.

[4] 李浩. 生态城市规划实效论——兼议生态城市规划建设的矛盾性与复杂性 [J]. 城市发展研究,2012 (3):34-36.

[5] Carl Steinitz. 迈向 21 世纪的景观设计 [J]. 景观设计学,2010 (5):24-30.

[6] 刘晓光,吴远翔,冯瑶. 景观设计课程探索,第三届全国景观教育学术年会论文集 [G] // 北京:中国建筑工业出版社,2008:182.

[7] Dramstad, W.E., Olson, J.D., Forman, R.T.T. Landscape Ecology Principles in Landscape Architecture, and Land-use Planning[M], HGSD, ASLA and Island press, 1996.

[8] 杨德昭. 新社区与新城市 [M]. 北京:中国电力出版社,2006.

[9] Barnett J. Smart Growth in a Changing World[M].American Planning Association,2007.

[10] 吴远翔,刘晓光. 基于 EOD 理念的城市绿色基础设施规划课程教学探索 [J]. 中国园林,2014 (5) 120-124.

[11] 俞孔坚,王思思,李迪华. 区域生态安全格局:北京案例 [M]. 北京:中国建筑工业出版社,2012.

作者:刘晓光,哈尔滨工业大学建筑学院景观系 副教授;吴远翔,哈尔滨工业大学建筑学院景观系 副教授;吴冰,哈尔滨工业大学建筑学院 工程师

建造还是修复？

——风景园林工程教学的探索与思考

朱逊　赵晓龙

Construction or Restoration?
An Exploration on Landscape
Architecture Engineering Teaching
in Harbin Institute of Technology

■摘要：从国外风景园林工程相关课程的解读中，梳理知识框架，总结授课形式，并从教学实践出发对哈尔滨工业大学风景园林专业工程与技术课程进行调整，建构相关课程体系。风景园林工程教学的重点是引导学生从生态智慧的视角，突破传统园林工程和场地工程的限制，建立可持续的风景园林工程概念，完善整体性的风景园林工程知识框架，为风景园林规划和设计提供有效的技术支撑。

■关键词：风景园林工程　教学实践　课程设置　场地　构造

Abstract: Organizing and compiling knowledge framework and modules from the perspectives of landscape architecture engineering courses overseas so as to structure curriculum system and summarize teaching methods based on the teaching practice in Harbin Institute of Technology. The Focus of landscape architecture engineering course is to provide effective technical support for ecological planning and design, which is from the concept of ecological wisdom, breaking the constraints of traditional gardening and site engineering, establishing sustainable landscape architecture engineering, accomplishing integrity of landscape architecture knowledge framework.

Key words: Landscape Architecture Engineering; Teaching Practice; Curriculum Setting; Sites; Construction

当代风景园林的内涵已经远远跨越了园林、建筑与城市的界限，力图重新定位人类在自然中活动的轨迹，因此如何在风景园林教育中突破传统园林工程和场地工程的内涵，建立真正意义上的风景园林工程，需要我们教育工作者的不懈努力与实践。

一、风景园林工程的知识框架

1. 建构知识框架：工程观的确立

当代风景园林教育体系当中，应当把工程观的培养贯穿在体系当中（而不是把这部分教学内容推给设计院和设计公司），这是完善风景园林教育体系整体性的重要支撑之一。然而今天，我们对风景园林工程观的培养还没有提上日程，也没有给予足够的重视。在实际的执行中既缺少这样的培养环节，更缺少这样的思想观念，甚至有些人并不认为这是风景园林教育的核心问题。

所谓风景园林工程观，是建立在环境伦理之上，一种运用风景园林手段认识世界、改造世界的能力，在很大程度上决定了风景园林教育对象的成长和发展。没有工程观的风景园林师，则无法真正创造性地解决场地和环境问题，充其量只是图画师而已。只有以培养学生合理的工程观为主线架构风景园林工程教学，并将其看成是风景园林教育整体性的重要组成部分，才能培养健全的风景园林知识体系。

2．更新教学内容：他山之石，可以攻玉

工程观的培养，要通过多途径、多方式、多渠道来完成，甚至是以一种潜移默化的影响来实现。我们必须认识到，今天的风景园林工程教育已远远不同于早期的园林工程和场地竖向设计，尽管一些基本原则和方法仍然行之有效。于是，通过对国际一流风景园林专业的工程教学内容与方法的梳理，把这样一个看似散碎的东西层次化，这也是教学秩序得以实施的根本所在（表1）。

通过分析可以看出，完整的风景园林工程教学框架从两方面出发：一方面强调从环境（自然环境和建成环境）入手，理解工程如何改变场地，理解原材料如何被工程改变；另一方面强调从图面入手，掌握作为一名设计师的基本技能，在设计的过程中考虑从场地准备，到施工组织，再到管理维护的整个运营组织。

美国以设计为主线的风景园林专业工程类课程情况简析 表1

学校	课程名称	课程内容	授课形式
宾夕法尼亚大学	1 生态与材料	土地、水与植物系统	自然和建成场地的现场考察（沼泽、森林、河滩、沙丘和高地等）
		材料的转换	场地考察（采石场、木材厂、苗圃等）
	2 地形和种植设计	地形（earthwork grading）	手工模型与图纸 现场观察、测量与体验
		种植设计	小型项目调研实习
	3 场地工程与水管理	场地工程	绘图练习
		水管理	讲授、案例研究和现场考察
	4 高级景观构造	施工图编制	绘图练习
		高级构造、材料、施工与维护	讲授与案例分析
佐治亚大学	1 景观生态过程与材料	自然进程中的材料	讲授
	2 景观构造过程与材料	建成环境中的景观材料	讲授与实验
	3 风景园林工程过程与材料	土方、排水与道路工程	实验
	4 应用景观构造	节点详图	讲授与实验
	5 施工管理	构造、施工与种植	讲授与实验
路易斯安娜州立大学	1 景观技术Ⅰ：场地设计初步	—	讲授与绘图
	2 景观技术Ⅱ：土方、排水与道路	—	讲授与绘图
	3 景观技术Ⅲ：节点设计	—	讲授与绘图
	4 景观技术Ⅳ：建造与法规	—	讲授与绘图
普渡大学	1 场地系统Ⅰ	硬质材料及其设计（铺装、墙、台阶、坡道）	小尺度练习
	2 场地系统Ⅱ	土方和雨水管理（等高线绘制、填挖方计算、地表排水等）	—
	3 场地系统Ⅲ	施工图（种植、照明、施工组织与管理）	—
佛罗里达大学	1 风景园林工程Ⅰ	土方、排水、雨水管理、停车场和道路	
	2 风景园林工程Ⅱ	硬质材料构造与应用（水泥、砖、混凝土、木材、金属和塑料等）	
	3 风景园林工程Ⅲ	场地系统与可持续发展	

二、风景园林工程的课程设置

风景园林工程的内容庞杂，既有理论和知识的讲授，又有构造节点绘制和场地施工实务。在减少学时的约束之下，大量增设新课来实现风景园林工程方面的教学是不现实的，因而考虑在除了《风景园林工程与技术》课之外，将风景园林工程的内容渗入到各相关课程，从而建构一套完整的课程体系。

1．课程讲授的重点

《风景园林工程与技术》课程的重点是通过对风景园林工程原理和方法的讲解，让学生掌握地形景观营造、道路景观营造、水体景观营造、生态景观营造、景观材料可持续性应用的工程技术。课程的难点是引导学生从环境效益入手，理解景观材料在整个建造过程中的生命周期，学习不同的环境所采用的生态技术和景观营造方法（图1）。

在课堂的讲授内容与实例选取上，注意结合风景园林专业的特点，做到有的放矢，使学生的理论学习与日后实践紧密结合。课堂讲授结合现场勘测、文献阅读、案例研究、实验验证等多个环节，加深学生对课堂知识的理解。

2．课程组织的特色

风景园林工程教学的难点在于尺度的跨越，通过对材料特性的解读与选择去平衡美学和功能两方面的要求，掌握小尺度的构造节点的详细设计；又要从宏观的尺度重新建立人工构筑与土地、水、植物这些自然环境的不同圈层之间的连接，为生态规划和设计提供基础支撑。具体的教学组织过程中，强调从以下三个层面把握尺度的转换：

以"物理环境"概念转换形式，使学生通过实地调研、观察分析，了解各种自然环境和建成人工环境之间相互作用的力，这种作用力与空间之间的转换；

以"材料建构"概念转换形式，使学生了解硬质材料和植物材料如何形成和变化，而景观形式又如何反映或符合所用材料的性能和建构特性；

以"场地营造"概念转换形式，使学生现场测量、体验，通过手工模型和手绘图纸等形式加深对场地的理解，重点是如何通过场地营造可持续的环境。

3．课程发展的设想

（1）低年级场地工程概念的建立：主要是帮助学生建立起场地工程的基本概念，通过《设计基础》课程，认识到场地中所包含的基本要素，认识到各种要素是如何在场地工程中进行组织和联系；通过《场地设计原理》课程中的相关知识，掌握室外工程技术的基本原理和相关等方面的问题，了解室外工程技术中的施工和设计的新成果和新方法。

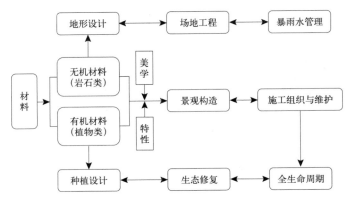

图1 《风景园林工程与技术》课程的教学框架

（2）贯穿设计课程的构造节点练习：作为风景园林专业的主线设计系列课程，从二年级的《庭园设计》，到三年级的《生态公园设计》和《城市景观设计》，每个设计课程的最终细化环节，都要求学生掌握两种以上典型的景观构造，让学生学会如何在自己的设计中将规范图集的构造节点进行应用和更新，掌握不同环境功能的要求，并在设计中考虑材料的特性和视觉表达的关系。

（3）高年级生态工程规划的提升：风景园林专业四年级的《生态基础设施规划》是风景园林专业的核心课程，该课程使学生了解GI的相关知识，掌握生态格局分析的基本方法，对生态工程规划的本质有更深刻的认识；《环境生态学》和《景观生态学》作为专业理论课，设置专门章节讲述生态工程的案例和方法。

三、风景园林工程的教学过程

风景园林工程教学以培养应用和设计为特色的多层面风景园林专业人才为目标，通过课程的训练与学习，从风景园林工程系统性整体性出发，紧紧围绕学生动手能力、场地意识、工程素质的培养。下面以教学中的三个小环节为例，介绍其教学内容设计。

1．场地认知与建造实验

风景园林工程实例解析选择优秀工程案例，带领学生进行实地调研（图2），运用所学知识进行案例分析，论述其工程材料、构造施工和技术运用的优劣之处。

流水冲击地形实验通过制作沙盘模拟地形，模拟流水冲击试验，观察自然环境和建成环境在水力作用下的变化。实验验证以小组为单位，根据实验态度、动手能力、理解问题、综合表现、实验报告质量等方面综合评定（图3）。

2．校园小游园地形设计

本环节通过地形设计的快速训练，检查学生能否掌握并熟练运用地形设计中的竖向、土方、

图2 学生对哈尔滨群力国家湿地公园进行场地认知

图3 流水冲击河沙实验

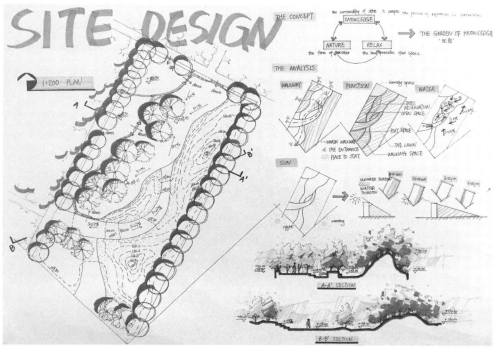

图4 校园小游园地形设计图纸（杨杰莹）

植栽和道路的基本设计方法和相关知识，解决场地中出现的实际问题，并学会采取相应的工程手段来完成设计目标的实现（图4）。

3. 土木楼操场雨水管理

本环节目的是引导学生掌握并熟练运用场地排水、硬质材料和构造、雨水管理和雪水回收利用等相关知识和方法，对给定的真实地段进行现场设计，熟悉设计过程、成果表达、整体开发和后期管理等方面的内容（图5）。

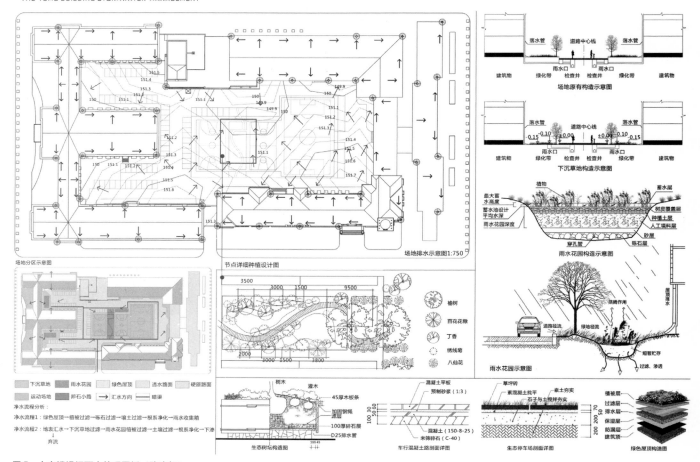

图5 土木楼操场雨水管理图纸（陈晓超）

　　风景园林工程课程在教学过程中强调建设可持续发展工程的目标，通过多种教学形式的训练，使学生能够熟练掌握风景园林工程各项技能和技术，形成风景园林科学的思维逻辑。完善的知识体系、连续的教学模块、一致的课程要求，要贯穿风景园林工程教育的始终。我们讨论风景园林工程的教学，看似松散，然而其意义在于认识到风景园林教学体系中可持续性工程观的建立，是我们不局限于微观的具体技能，能够站在更高的层次去设置课程体系。这将有助于今后风景园林学科的发展，见微知著，见端知末。

　　(基金项目：黑龙江省高等教学学会高等教育科学研究课题青年专项课题，项目编号：14Q004；黑龙江省高等教育改革项目，项目编号：JG2014010726)

 作者：朱逊，哈尔滨工业大学建筑学院　副教授；赵晓龙，哈尔滨工业大学建筑学院景观系　系主任，教授，博导

基于城市绿色基础设施理论的"景观游憩原理"课程教学研究

冯瑶　张露思　刘晓光

Teaching Research of Undergraduate Course "The Tourism and Recreation of Landscape" Led by the Notion of Urban Green Infrastructure Planning

■摘要：哈工大风景园林专业的本科课程"景观游憩原理"在教学中结合城市绿色基础设施（UGI）理论，以人类和生态系统的可持续发展为前提，在强调生态服务功能多元化的基础上，以构建康体、游憩、安全疏散和历史文化遗产保护等功能一体化的生态复合型绿色基础设施空间网络为教学目标。在教学实践中，将理论基础与实践操作和虚拟现实体验相结合，形成了"DA + EV"教学方法，即数据收集（Data collection）、场地分析（Analysis）及方案的可视化评价（Evaluation + Visualization）。

■关键词：城市绿色基础设施理论　生态服务功能　生态复合型绿色基础设施空间网络"DA + EV"

Abstract：The studio course "Landscape recreation principle" in Harbin Institute of Technology combines Urban Green Infrastructure (UGI) theory, bases on the sustainable development of human and ecological system, meanwhile, on the basis of emphasizing the diversity of ecological services function, to build a composite green infrastructure space network include ecological, healthy recreation, safety evacuation and the historical and cultural heritage protection for teaching target. The theory and the practical operation are combined in the teaching practice, which forms "DA + EV" teaching method, which means Data collection, Analysis and Evaluation + Visualization.

Key words：Urban Green Infrastructure (UGI) Theory；Composite Green Infrastructure Space Network；Ecological Service Function；"DA + EV"

1　引言

　　快速的城市化引发我国城市生态环境出现了各种问题，严重影响到城市居民赖以生存的生活环境，生活质量也受到严重影响。绿色基础设施（Green Infrastructure，简称 GI）是城市建设生态支撑体系的可持续发展的有效途径，在欧美国家 20 多年来的建设研究与实践中得以不断发展。2006 年的"西雅图绿色未来研讨会"提出了城市绿色基础设施 (Urban Green Infrastructure，简称 UGI)，即所有能提供多种服务功能，同时提升人类及其生存环境质量，位于城市内部、外围或之间，生态或低影响的，自然、半自然和人工的生命支撑网络系统。基于"城市之绿"(Greening of the Cities) 国际学术研讨会总结了城市绿色基础设施在不同尺度下的实践活动及其生态服务功能。生态系统服务是指人们从生态系统的获益，包括供应服务（食物和水）、调节服务（如洪水、干旱、土地退化和疾病）、支持服务（土壤形成、养分循环）以及文化服务（游憩、娱乐、精神、宗教和其他非物质利益）。

为应对城市生态环境和生活环境质量日益受损等问题，风景园林学科教学应如何进行教学内容和教学方法的改变呢？哈尔滨工业大学"景观游憩原理"课程，结合上述的 UGI 理论，以培养学生综合解决上述城市问题的能力为教学重点，以生态复合型绿色基础设施空间网络的理论基础学习、实践操作和虚拟现实体验为教学主要内容，通过"DA + EV"教学方法，进行了理论基础与实践操作相结合的分段式教学改革尝试。

2 教研目标及内容

2.1 教学目的

"景观游憩原理"是开设在哈尔滨工业大学风景园林专业本科三年级的核心理论课程，以培养学生顺应社会和时代的发展需求，建立兼顾人类福祉与生态系统的可持续发展规划理念和能力为学习目标。整个教学过程按照数据收集 (Data collection，简称 D)、场地分析 (Analysis，简称 A) 及方案的可视化评价 (Evaluation + Visualization，简称 EV) 三个部分顺次进行，前两个部分的教学过程将实地调研与数据收集、场地分析相结合，从生态系统服务的角度针对场地内部的绿色基础设施所具有的各项功能展开分析与评价；最后一部分，借助实验操作和虚拟现实体验，提出该场地内部的生态复合型绿色基础设施网络节点与廊道规划方案，并通过虚拟现实系统进行可视化评价。

2.2 教学特色

2.2.1 研究对象

研究对象是哈尔滨市马家沟河（秋林商圈部分）沿岸地带。马家沟河形成的水系网络是哈市主城区生态格局的重要组成部分和主要景观"源"，其沿岸有哈工大科技园和儿童公园两块大型绿色斑块则分布在场地两端。然而，从场地总体角度出发，场地内部的绿色斑块数量严重不足，破碎程度较高，连接度较差，而且严重缺少适宜居民从事户外游憩活动和社会交往、应对突发事件疏散的各类公共空间。因此场地内部无法实现调整微气候、减弱"热岛效应"、雨洪等自我调节的生态功能，缺少连接区域内部及其他区域的绿色基础设施的功能，更加缺少场地内部的景观、文化、游憩、健康、安全等生态服务功能。

2.2.2 UGI 理论基础

基于 UGI 理论选取滨水区与河道岸带 (Urban Waterfront and Riverside)、绿色廊道 (Urban Green Corridor)、绿色斑块 (Urban Green Patch) 作为城市绿色基础设施的重要因素，并提出三者交汇或重叠处的 GI 网络节点在 UGI 规划中具有举足轻重的作用，应进行重点研究和分析。

1) 滨水区与河道岸带

选取秋林商圈部分的马家沟河沿岸地带，其规模尺度较大，具有水体净化、生物栖息、雨洪调节等功能，同时兼具为人类提供游憩、文化、娱乐等多重功能。

2) 绿色廊道

选取道路和铁路两种类型廊道，具有连接绿色空间的功能，兼具生态功能和连接自然遗址、文化景观和风景名胜的功能，也是提升周围的环境质量的一种生态资源（图1）。

3) 绿色斑块

选取儿童公园、工大一校区和工大科技园等人工建设的大型绿化带作为大型斑块，而其他类型斑块为分散在地段内的各类型公园、广场、绿地以及各类校园等。各类绿色斑块承载着多种功能：如调整微气候，减弱"热岛效应"，净化空气、水质，营造社交空间和户外游憩空间，促进居民身心健康，促进城市旅游业发展等（图2）。

廊道分析 CORRIDOR ANALYSIS

规划意向图 PLANNING INTENTION FIGURE

廊道现状分析 CORRIDOR STATUS QUO ANALYSIS

自然廊道现状

河流廊道不够完整，连接度较差，宽度狭窄，人工性较强，自然性差，全部采用硬质河岸，河水水质受到严重污染，两岸植被种类不足，郁闭度不够，开辟的滨水走廊因为水质较差伴有恶臭，而且植物营造的环境不好而没有人通行。

铁路廊道现状

铁路廊道周边植被类型单一，物种丰富度不够，对场地内物种运动起到障碍作用，将场地内完好的生境切分为两个独立的斑块，这种切断过程通常会引起生境的丧失和隔离，对内部生境及物种造成严重的影响。

道路廊道现状

道路廊道在场地内有格网、放射、自由三种道路形式。中间被马家沟河隔开显得道路网络整体连续性低。有些路过于日久失修，而有些路被周边侵占现象严重，影响了交通功能。道路均为硬质水泥地，两侧绿化少，是城市噪声、尾气污染的主要源头之一。

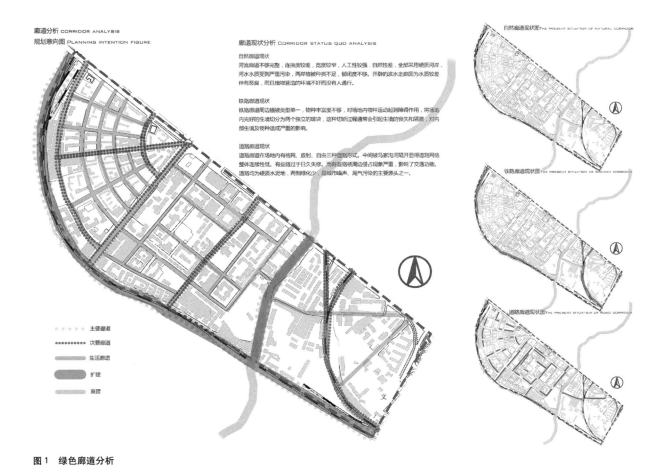

图例：
- 主要廊道
- 次要廊道
- 生活廊道
- 扩建
- 重建

自然廊道现状图 THE PRESENT SITUATION OF NATURAL CORRIDOR

铁路廊道现状图 THE PRESENT SITUATION OF RAILWAY CORRIDOR

道路廊道现状图 THE PRESENT SITUATION OF ROAD CORRIDOR

图1 绿色廊道分析

斑块分析 PATCH ANALYSIS

斑块分类一 PATCH

草本地被
乔木

乔木：绿量高，有降温作用，有一定生态效益。可为人提供较好的休憩点
草本地被：绿量低，可保持温度，视野开阔，生态效益低，能为人提供较为一般的休憩点，但受天气限制
改善意向：保留原有乔木，减少草本地被量，补植乔灌木，创造多种生境和稳定的系统

斑块分类二 PATCH

乔草
乔灌草

乔草：降温能力好，物种丰富度较高，更加有层次性，系统稳定
乔灌草：绿量最高，物种丰富高，最有层次性，系统稳定
改善意向：保护好原有物种丰富度较高、系统较稳定的斑块，增加乔灌的斑块，在潜在的地块上合理选择植物种类，乔灌合理配置

斑块分类三 PATCH

乔灌
灌草

乔灌：土壤污染、土壤板结导致缺少地被草本
灌草：有层次性、生态稳定性比较高、恢复性和生态效益比较平衡，人可以少量接触的缺陷少
改善意向：在有土壤污染和土壤板结的地块逐渐种引植的有改良潜力的乡土植地，补植地被草本，设置明确道路，保护好原有稳定的系统

绿地覆盖率分类 GREEN COVERAGE

- <10%
- >10%, <30%
- >30%, <50%
- >50%

结论：场地内前绝大部分分块绿地覆盖率小于30%，只有极少数地绿地覆盖率超过50%，改善意向：增加绿地覆盖率，在潜在地块开放绿地，同时可以选择屋顶绿化和垂直绿化

碳氧平衡供氧量分类 OXYGEN CARBON AND OXYGEN BALANCE

草地效应
森林效应

结论：在森林的生长旺季，1ha森林放氧气为750kg/24h，10㎡森林或25㎡的草地可以提供一个人的需氧量，绿地内部可提供的氧气并不能自给自足，改善意向：增加场地内的森林或草地，丰富人的体验性和给人的供氧量

绿地活动人数分类 NUMBER OF GREEN SPACE ACTIVITIES

- 较多
- 适中
- 较少

结论：例的疏密度，绿地和建筑的位置对人的行为活动产生决定性影响，人一般喜欢在有明显较安静的环境内活动，改善意向：在场地内人活动多的位置配置树较大型乔木，给人提供适宜的较为私密的空间，以供人休息停留

图2 绿色斑块分析

基于绿色基础设施（GI）视角的马家沟流域（秋林商圈）康体游憩空间网络概念规划
CONCEPT PLANNING OF RECREATION SPACE IN QIULIN DISTRICT FROM THE PERSPECTIVE OF GREEN INFRASTRUCTURE

（8）GI网络节点分析：

绿色基础设施包含各种天然和得到恢复的生态系统和景观要素，它们构成一个既有"网络中心"(HUB)又有"连接廊道"(1INK)的网络系统。网络中心决定着绿色基础设施，为迁往或途经网络中心的野生动物和生态过程提供起点和终点。网络中心包括湿地、森林、公园和可重新修复或开敞的矿地、垃圾填埋场或棕地等。 由网络中心和连接廊道组成的绿色基础设施是共同维持自然过程的网络，它们的规模、功能和形状是随着保护资源的类型与尺度而变化的。

8.1 微观层面作用：

1. 游憩方面：为市民带来可供娱乐休憩的场所，为市民散步、游乐、聚会带来可供选择的场所。
2. 安全方面：在城市安全格局方面，为城市整体安全格局带来保证，同时，为区域安全格局方面带来一定的帮助。
3. 生态作用：在生态方面，为城市的总体生态安全格局带来提高；同时缓减城市的环境污染压力（哈尔滨的雾霾问题）。

8.2 现状问题分析：

马家沟形成的水系网络既是哈市主城区重要生态廊道，也是主城区景观主要的"源"。 依附马家沟沿河的绿带，有哈工大科技园及儿童公园两块生态效益较高的绿地，这两块绿地分布在场地两端。从场地总体角度出发，场地内部的绿地面积严重不足，绿化率偏低，可供人们休闲娱乐的绿地也较少。

8.3 构建GI网络的原则和方法：

一、连接性：绿色基础设施是相互联系的绿地空间网络，其目的是将各种要素连接起来，提供保护性的网络，而不是孤岛式的公园，因而连接性是最关键的因素。这种连接性是多方面的，在功能性自然系统的资源、特性及过程之间的连接，以及实现其功能的组织与个体之间的连接。

二、网络结构性：网络结构性特征主要包括宽度、组成成分、内部环境、形状等，其中廊道的宽度和连续度是控制廊道功能的主要因素。绿地系统规划不仅仅是提高各绿地之间的连通性，关键是增强景观元素相互间的连接度。例如水道、公路等，使其成为连接自然遗留地与公园等系统的廊道，并为城市未来的发展提供框架。

三、整体性：绿地系统需要有整体规划，要跨越多个管辖区，综合考虑各个层次的绿地要素。以整体的观念分析情况、解决问题。在规划绿地系统时，还要将生态、社会与经济效益、功能与价值包括进去。

图 3 GI 网络节点分析

绿色基础设施结构示意图：

网络中心示意图：

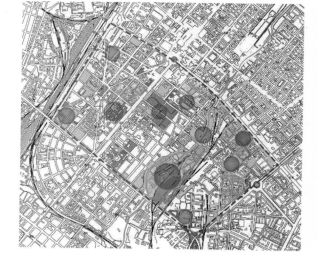

基于绿色基础设施（GI）视角的马家沟流域（秋林商圈）康体游憩空间网络概念规划
CONCEPT PLANNING OF RECREATION SPACE IN QIULIN DISTRICT FROM THE PERSPECTIVE OF GREEN INFRASTRUCTURE

生态功能：

现状分析：

	景观面积（hm²）	斑块数量	斑块周长（km）	分布情况	生态特征
绿地斑块	71.09	11	11.19	分散	小型生态系统
建筑用地	566.28	339	101.04	集中	无生态系统
河流斑块	7.89	1	4.74	唯一	小型生态系统
道路	82.91	59	80.99	联通	无生态系统

由表格可知，场地内部状况生态性很弱，绿地斑块的面积很小，而且间距很大，斑块间的关联性较弱，不利于生态系统的发展。从绿地斑块边缘以及周长可知，斑块的形状趋于人工化，边际效应并不明显，生物很难跨越绿地斑块进行移动，而且道路对绿地的分隔严重，更加加剧了所在地区生态的发展。

而且绿地斑块的植物种类和数量更加限制了生物的移动和生存，在这些小型斑块中，很难建立一个相关联的生态系统，因此各个生态系统之间相互独立，形成独立的小型生态系统，生态性很弱。

河流在场地内部也被道路等分隔，发挥不了廊道的效应，加之污染等因素，河流当中的生态几乎无法发挥作用；和绿地斑块的割裂严重，无法形成连续的生态系统，因此生态系统与绿地相独立，无法发挥生态作用。

生态格局分析：

通过FRAGSTATS的景观格局指数分析，通过以上指数的勾选，对这些景观格局指数进行分析，得到数据如下表，其中1代表建筑用地，2代表道路用地，3代表绿地斑块，4为河流斑块，主要以CLASS级进行分析，将相同属性的斑块的用地特征进行分析，对斑块的基本属性进行了景观格局指数的分析。

	CA	NP	LPI	TE	LSI	AREA_MN	AREA_SD	AREA_CV	SHAPE_MN	CIRCLE_MN
1	566.3475	74.0000	9.8529	121620.0000	14.2237	7.6533	11.6949	152.8080	1.8578	0.5989
2	82.9500	1.0000	11.3912	167220.0000	29.7973	82.9500	0.0000	0.0000	29.7973	0.9318
3	71.0575	11.0000	6.5804	15460.0000	4.5740	6.4598	4.6277	71.6388	1.4877	0.5275
4	7.8375	2.0000	0.6712	5990.0000	5.3462	3.9188	0.9688	24.7209	3.7250	0.9517

图 4 生态功能分析

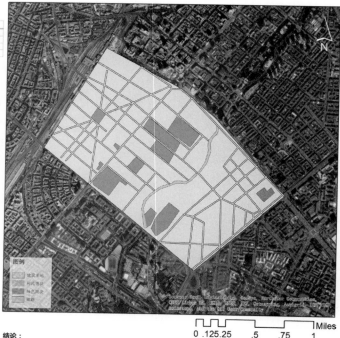

图例
建筑用地
河流斑块
绿地斑块
道路

结论：

通过FRAGSTATS的景观格局指数分析，得出景观形状指数以及相关外接图指数，由此可知斑块的形状格局不利于生物的移动和迁徙，在城市环境下，形成了相互独立的生态格局。

4）GI 网络节点

马家沟河沿岸地带与各种类型廊道、斑块之间交汇形成的 GI 网络节点，在微观层面发挥游憩、安全、生态等作用，通过人工途径构建 GI 网络节点，可以提高整个 GI 网络的完整度、连接度、可达度（图 3）。

2.2.3 绿色基础设施的生态服务功能

本课程对于城市生态复合型绿色基础设施空间网络构建的主要生态服务功能要求如下：

1）生态功能

掌握场地内部绿色斑块现状的基础上，对所存在的问题进行分析（可选景观多样性分析、斑块数破碎化分析、场地内均匀度指数分析、场地内优势度指数分析等方法），旨在发现在构建场地康体游憩空间网络所面临的问题，解决场地与城市尺度、区域尺度的 GI 网络的连接作用（图 4）。

2）康体游憩功能（含休闲、运动、治愈、娱乐等功能）

微观层面：确定场地内部具有较高代表性的游憩资源及其现状（包括类型、分布、面积、辐射半径及其相关设施等）；确定场地内部适宜营造户外游憩、娱乐、社会交往以及促进居民身心健康和旅游业的发展的绿色斑块及节点，构建微观尺度的康体游憩网络在构建城市尺度的康体游憩网络中发挥的作用（图 5）。

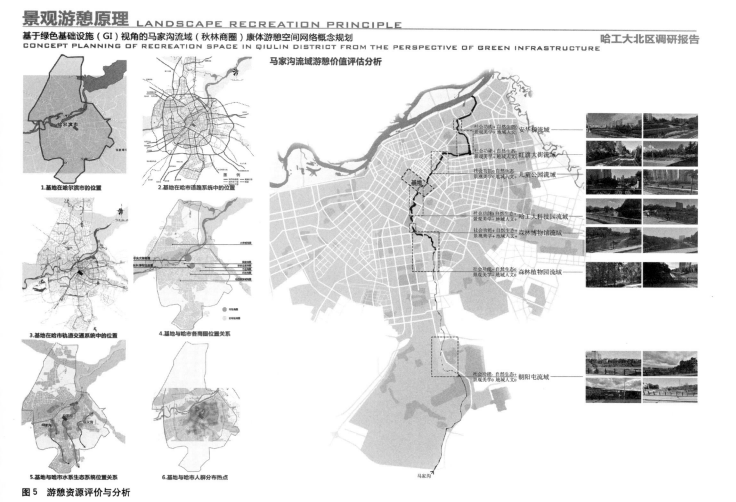

景观游憩原理 LANDSCAPE RECREATION PRINCIPLE

基于绿色基础设施（GI）视角的马家沟流域（秋林商圈）康体游憩空间网络概念规划　　哈工大北区调研报告
CONCEPT PLANNING OF RECREATION SPACE IN QIULIN DISTRICT FROM THE PERSPECTIVE OF GREEN INFRASTRUCTURE

马家沟流域游憩价值评估分析

1.基地在哈尔滨市的位置

2.基地在哈市道路系统中的位置

3.基地在哈市轨道交通系统中的位置

4.基地与哈市各商圈位置关系

5.基地与哈市水系生态系统位置关系

6.基地与哈市人群分布热点

图 5　游憩资源评价与分析

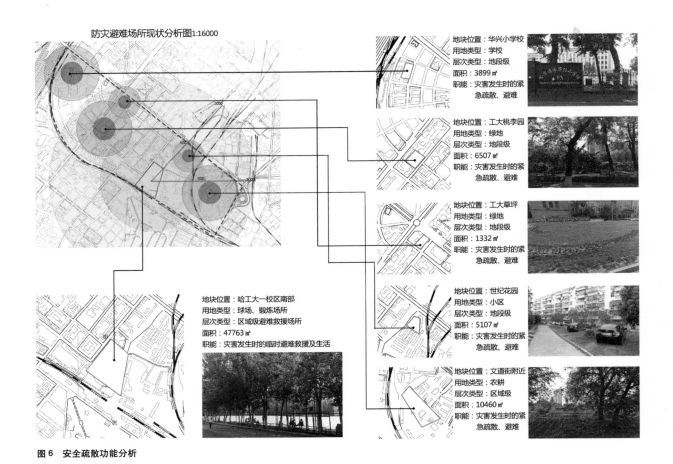

防灾避难场所现状分析图1:16000

地块位置：华兴小学校
用地类型：学校
层次类型：地段级
面积：3899 ㎡
职能：灾害发生时的紧
　　　急疏散、避难

地块位置：工大桃李园
用地类型：绿地
层次类型：地段级
面积：6507 ㎡
职能：灾害发生时的紧
　　　急疏散、避难

地块位置：工大草坪
用地类型：绿地
层次类型：地段级
面积：1332 ㎡
职能：灾害发生时的紧
　　　急疏散、避难

地块位置：哈工大一校区南部
用地类型：球场、锻炼场所
层次类型：区域级避难救援场所
面积：47763 ㎡
职能：灾害发生时的临时避难救援及生活

地块位置：世纪花园
用地类型：小区
层次类型：地段级
面积：5107 ㎡
职能：灾害发生时的紧
　　　急疏散、避难

地块位置：文道街附近
用地类型：农耕
层次类型：区域级
面积：10460 ㎡
职能：灾害发生时的紧
　　　急疏散、避难

图6　安全疏散功能分析

景观游憩原理 LANDSCAPE RECREATION PRINCIPLE

哈工大北区调研报告

基于绿色基础设施（GI）视角的马家沟流域（秋林商圈）康体游憩空间网络概念规划
CONCEPT PLANNING OF RECREATION SPACE IN QIULIN DISTRICT FROM THE PERSPECTIVE OF GREEN INFRASTRUCTURE

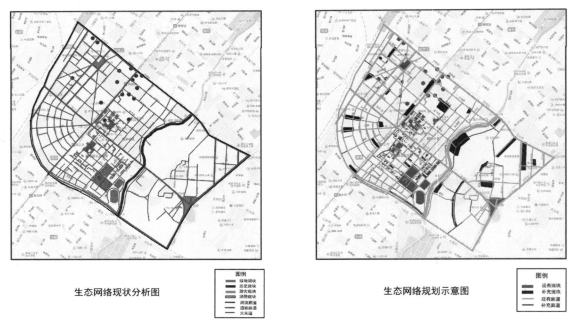

生态网络现状分析图

图例
　绿地现块
　历史现块
　防灾现块
　游憩现块
　河流廊道
　遗迹廊道
　火车道

生态网络规划示意图

图例
　现有现块
　补充现块
　现有廊道
　补充廊道

图7　生态网络分析

3）安全功能（应对突发事件的防灾避难功能）

微观层面：场地内部的防灾避难场所现状，包括类型、分布、面积、辐射半径及其相关设施是否满足场地内部市民的紧急避难需求以及存在哪些问题；场地内部的防灾避难系统构建在中观、宏观层面的防灾避难系统中的职能、作用以及面临哪些问题等（图6）。

4）历史文化遗产保护功能

确定场地内部具有较高代表性的文化遗产资源的现状（包括类型、分布及附属设施或绿地等情况）及问题；对于构建微观层面、中观层面和宏观层面的康体游憩网络的作用（图7、图8）。

2.2.4 "DA + EV" 教学方法

在强调绿色基础设施生态服务功能多元化的基础上，构建康体、游憩、安全疏散和历史文化遗产保护等功能一体化的生态复合型绿色基础设施空间网络，以进行其理论基础学习、实践操作和虚拟现实体验为教学主要内容。在教学实践中，将理论基础与实践操作和虚拟现实体验相结合，形成了 "DA + EV" 教学方法，即数据收集、场地分析及方案的可视化评价。借助实验操作和虚拟现实体验，提出该场地内部的生态复合型绿色基础设施网络节点与廊道规划方案，通过可视化评价，来达到扩展体验及加深认识的目的。

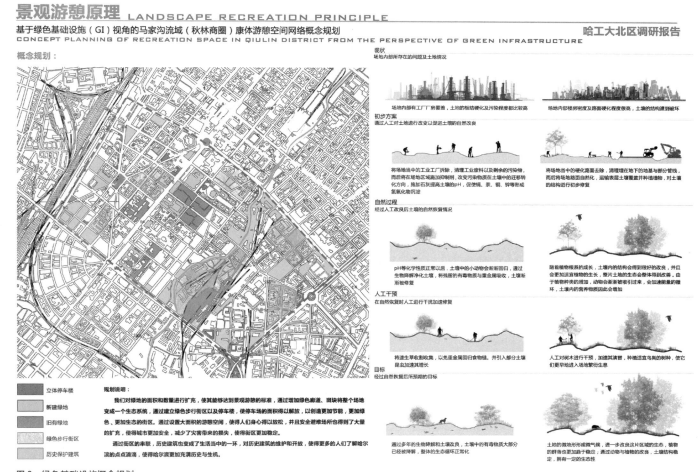

图8 绿色基础设施概念规划

3 教学实践

3.1 教学难点

1）缺乏相关理论知识和实践案例。目前，国内外关于城市绿色基础设施的生态服务功能方面的研究尚处于发展阶段，尚未形成十分完整的理论体系，要求课程内容需要及时更新和补充。本课程参考了美国的绿道理论与"西雅图模式"、新加坡的绿道理论与模式等相关研究及案例。

2）缺乏可参考的教学模式和教学经验。虽然有我校关于"城市绿色基础设施规划"课程的教学研究可供借鉴，但是设计课程与理论课程的差异较大不能全盘照搬。本课程所采用"DA + EV"教学方法，抛开以往教学方法中理论基础与实践操作分离式的教学，将生态复合型绿色基础设施空间网络规划过程分解为首尾相接的步骤，在教学中逐个攻克。因此对课程内容、教学设计等方面进行了改革与尝试具有重要意义。

3.2 教学模式

整个教学过程按照"DA + EV"三个部分顺次进行，前两个部分的教学过程将实地调研与数据收集、场地分析相结合，从生态系统服务的角度针对场地内部的绿色基础设施所具有的各项功能展开分析与评价，量化评价场地内部绿色基础设施的雨洪管理功能，调节当地气候功能，丰富生物多样性功能，历史文化遗产保护功能，娱乐、运动、冥想与休闲功能和景观保护与强化功能；最后一部分，借助实验操作和虚拟现实体验，提出和评价该场地内部的生态复合型绿色基础设施网络节点与廊道规划方案，通过可视化评价，来达到扩展体验及加深认识的目的，从而让学生更好地掌握理论基础知识，提高分析设计能力。

3.3 教学成果

教学中我们始终强调生态建设和城市发展是紧密结合的一个整体。根据课程要求，学生们划分为 6 组，针对不同场地进行了基于 UGI 生态服务功能的城市康体游憩空间网络构建，并通过实践教学环节完成了对其规划空间的分析与评价。

在坚持生态服务功能为主体的前提下，每组根据场地自身特点，确定了研究主题和研究方向。作为一次教学尝试，各组作业体现了不同视角的研究成果。在满足城市居民的生理、心理健康需要、公共安全等日常活动需求的基础上，考虑兼顾经济发展需求和容易被忽略的美学、文化以及公众参与（教育）等精神需求，实现场地的最佳 UGI 的生态服务功能，促进微观尺度的城市和人类的可持续发展。

4 总结

"景观游憩原理"课程中，尝试结合风景园林研究中国际前沿的城市绿色基础设施（UGI）理论，构建"DA + EV"教学方法，通过实践操作和虚拟现实体验对规划方案进行可视化评价，来达到扩展体验及加深认识的教学目的，从而让学生更好地掌握理论基础知识，提高分析设计能力，将理论与实践有机融合。课程很好地完成了教学目标和教学要求，取得了初步的成果，同时也发现了一些问题和不足。

1）理论课程之间的衔接性不够，导致学生的知识储备存在断层。应进一步针对性地指定需要掌握的经典案例、论文资料和相关知识点，提前完成 GIS 等技术知识储备以保证教学效果。

2）实践学时不足，除了课程实验外，学生没有检验所学理论知识的机会，无法对学习成果进行深度理解和思考。有些同学反映刚刚进入状态，课程就结束了。这个问题有待在培养方案修改时进行调整。学习西雅图模式，在规划阶段广泛听取包括具备专业知识的教师和学生在内的各类人士的声音。增加实际演练机会，可以增加学生的学习积极性。

3）有些学生缺乏自主学习和互动学习积极性。有些学生缺乏和其他组员及老师的沟通，无法形成统一意见，导致规划方案中出现这样那样的问题。针对这些问题，我们认为景观和生态教育需要体系化的课程，内容需要全面合理，时序也需要科学安排。

（基金项目：国家自然科学基金"基于虚拟仿真技术的城市公共空间安全疏散模型研究"，项目编号：51208135；黑龙江省自然科学基金"基于虚拟仿真技术的城市开放空间应急疏散模拟系统的关键问题研究"，项目编号：QC2011C098；中央高校基本科研业务费专项资金，项目编号：HIT.NSRIF.2012055；黑龙江省高等教学改革项目，项目编号：JG2014010726）

参考文献：

[1] 刘娟娟，李保峰，（美）南茜·若，等．构建城市的生命支撑系统：西雅图城市绿色基础设施案例研究 [J]．中国园林，2012（11）：116–120．

[2] 刘滨谊，张德顺，刘晖，戴睿．城市绿色基础设施的研究与实践 [J]．国际城市规划，

[3] 吴远翔，刘晓光．基于 EOD 理念的"城市绿色基础设施规划"课程教学探索 [J]．中国园林，2014（05）．

[4] 多功能绿色基础设施规划——以海淀区为例 [J]．中国园林，2013（07）．

[5] 张天洁，李泽．高密度城市的多目标绿道网络——新加坡公园连接道系统 [J]．城市规划，2013，37（05）．

[6] 冯瑶，刘晓光，吴远翔．哈尔滨工业大学景观设计课程教学研究与实践 [G]// 中国风景园林学会 2012 年会论文集．北京：中国建筑工业出版社，2012．

作者：冯瑶，哈尔滨工业大学建筑学院景观系 教研室主任，副教授；张露思，哈尔滨工业大学建筑学院景观系 副教授，硕导；刘晓光，哈尔滨工业大学建筑学院景观系 副教授，景观规划研究所所长

《中国建筑教育》编辑部迁址及电话变更启事

即日起，《中国建筑教育》编辑部迁至中国建筑工业出版社新楼办公（506 室、502 室），联系地址与联系电话变更如下：

地址：北京市海淀区三里河路 9 号 中国建筑工业出版社新楼期刊年鉴中心（邮编：100037）

电话：010–58337110（李东）；010–58337043（陈海娇）

给您带来的不便，敬请谅解！

《中国建筑教育》编辑部

2015 年 12 月 20 日

"环境生态原理"教学中的
特点与教学改革探索

张露思

Teaching Characteristics and
Exploration of Teaching Reform of
"Environmental Ecology Principle"

■摘要：通过对哈工大风景园林专业本科三年级专业必修课"环境生态原理"的教学改革，在强调人类对环境的影响以及解决这些问题的生态途径，运用生态学理论结合生态设计的基础上，教学环节中融入生态学的基础实验，要求学生通过实验熟悉和掌握若干生态因子的测定原理和方法，熟悉生态学生态因子测定的基本仪器的使用方法，了解生态因子的变化规律和作用特点，熟悉和掌握生态学研究的一般仪器设备的使用，掌握生态学一般实验技能和方法，从而巩固课堂学习，提高学生的动手能力、分析能力和创新能力。

■关键词："环境生态原理" 基础实验 实验技能

Abstract：Through the teaching reform in "Environment and Ecology Principles" of the junior majoring in landscape architecture of Harbin Institute of Technology, emphasis on the influence of human beings on environment and the ecological approaches to solve these problems, and based on the application of ecological theory with the ecological design, the paper blends basic experiments of ecology into the teaching, and requires students to be familiar with and master the measurement principles and methods of various ecological factors, be familiar with the usage methods of basic instruments in ecological factor measurement, know the changing rules and effect characteristics of the ecological factors, be familiar with and master usage of ordinary instruments in ecological research as well as ordinary experiment skills and methods of ecology through the experiments, in order to consolidate the course learning and enhance the manipulative ability, analysis ability and innovation ability of the students.

Key words："Environment and Ecology Principles"；Basic Experiment；Experiment Skills

随着工农业的迅速发展以及人口的快速增长，诸如全球气候变暖、生物多样性减少、蓝藻水华与赤潮、重金属污染等全球性环境问题相继出现，并呈恶化趋势，全球环境生态问题倍受关注，加强环境生态教育已在全世界范围内越来越受重视。为强化环境教育，很多高校的风景园林学科开设了环境生态保护类必修课程，"环境生态原理"为其中课程之一。

1　课程简介

"环境生态原理"是风景园林专业的专业基础课和核心课程，培养的是从事景观规划设计及其相关行业的专业人员的必备专业知识基础。"环境生态原理"是伴随着环境问题的出现而产生和发展的新兴的综合性学科，是一门运用生态学理论，研究人为干扰下生态系统内在的变化机制、规律和对人类的反效应，寻求受损生态系统恢复、重建和保护对策的科学。该课程注重生态学基本原理与水质、土壤、室内外空气检测实验相结合，并与生态公园设计、庭院设计等设计课程实际应用相结合，介绍了生态学的基本理论，重点介绍生态系统生态学；阐述了生态系统服务、人为干扰对生态系统的损伤、生态恢复、生态系统管理及可持续发展理论等。学生可以初步熟悉、掌握并利用环境生态原理及方法，进行专业调查、分析、研究、评价、决策、规划及设计。

2　课程特点

目前，在高等学校风景园林专业中，环境生态原理的教材相对较少，主要有盛连喜主编的《环境生态学导论》等教材。该门课程主要靠任课教师自己组织和收集资料改编成教材，教师的自主性较大，因此"环境生态原理"除具有综合性强、知识面广、实践性强等特点之外，还具有其特殊性：

第一，作为必修课的课时较少，仅16课时，该课程不可能像环境类专业学生一样，每一个环节和每一个知识点都详细地讲解，因此需要对主要内容和重点知识点进行重点突破。

第二，作为风景园林学科中的环境生态类课程，其内容相对自由，可以结合其他设计课程中所讲到的案例进行讲解，同时涉及环境生态方面的知识都可以作为讲授的内容。但是作为一门学科，还需要有一定的连贯性和整体性，由于没有统一的教材和讲解内容，而且"环境生态原理"是一门综合性的课程，涉及面较广，强调的是一种宏观的思想和整体性、统一性的思维，需要学生有较强的逻辑性，这些因素都给授课老师更大的挑战。

第三，"环境生态原理"更应该注重该学科的应用性，但是应用是建立在基础理论之上，因此需要权衡基础理论部分和应用部分的比例，更好地提高学生的积极性和创新性。

第四，在"环境生态原理"这门课程中加入基础实验环节，使风景园林学科的学生将实验数据作为景观设计的技术支撑，从而达到所做设计有理有据的教学目标（表1）。

实验项目表　　　　　　　　　　　　　　表1

序号	实验项目名称	实验类型	项目学时	每组人数	主要仪器设备
1	地表径流流速监测	验证	2	4	便携式流速仪
2	土壤和植物样品采集制备	验证	2	4	土钻、小土铲、卷尺、布袋、广口瓶、天平、木盘
3	水体有机物的测定	验证	1	4	气相色谱仪、多参数水质分析仪
4	土壤粒径分布和分析	验证	1	4	甲种比重计、沉降筒、搅拌棒、天平、漏斗、温度计、电热板、三角瓶、洗瓶、带秒针时钟
5	土壤容重的测定和孔隙度的计算	验证	2	4	环刀、削土刀、小铁铲、干燥器、烘箱、天平
6	土壤含水量的测定	验证	1	4	铝盒、烘箱、干燥箱、天平、土钻
7	土壤酸碱性的测定	验证	2	4	pH酸度计、pH玻璃电极、甘汞电极
8	雨水酸碱性的测定	验证	1	4	pH酸度计、pH玻璃电极、甘汞电极
9	土壤有机质含量的测定	验证	2	4	硬质试管、油浴锅、温度计、分析天平、注射器、三角瓶
10	肥料的测定	验证	1	4	参考以上有关项目测定所使用的仪器
11	土壤盐分测定	验证	1	4	土壤盐分含量测定仪
12	土壤速效氮、磷、钾的测定	验证	1	4	开氏瓶、分析天平、电炉、普通定氮蒸馏装置、扩散皿、恒温箱往复震荡机光电比色计、容量瓶、三角瓶
13	植株中全氮、磷、钾测定	验证	1	4	电炉、消煮管、容量瓶、半微量蒸馏装置、分光光度计、火焰光度计

3 教学实践的探索

只有充分掌握"环境生态原理"课程的特点,同时了解学生学习"环境生态原理"的心态,才能够真正地提高"环境生态原理"教学质量,取得较好的教学效果。为此,我们从教学内容上和教学手段上对"环境生态原理"进行了创新和探索。

3.1 结合实际,合理选择教学内容

"环境生态原理"的内容包括生态学的基础知识和理化实验两部分。学习"环境生态原理"就是学会如何利用生态学知识解决当前的生态环境问题,这就需要授课老师结合专业特点精心组织教学材料,适当取舍和补充教学内容。建议授课教师选择一本难度和深度恰当、条理清楚、深入浅出、学生容易理解的教材作为基准,结合个人的实际科研工作组织材料编写环境生态原理教学教材。这样可以既确保学生掌握"环境生态原理"的基本理论、基础知识、基本技能,又能够掌握和了解环境生态原理最新的动态和研究热点,更容易吸引学生的眼球,保证学生的出勤率和学习的积极性,保证课堂教学的质量。增加理化实验环节是为了让学生在学习好理论知识的基础上,通过实验熟悉和掌握若干生态因子的测定原理和方法,熟悉生态学生态因子测定的基本仪器的使用方法,了解生态因子的变化规律和作用特点;熟悉和掌握生态学研究的一般仪器设备的使用,掌握生态学一般实验技能和方法,从而巩固课堂学习,提高学生的动手能力、分析能力和创新能力。

3.2 注重实践,提高解决问题的能力

任何一门课程最终目的都是要学以致用,真正地将学习到的知识贯穿到生产实践中,解决面临的实际问题,才算达到目的。因此加强实践环节教学对于提高学生理论联系实际的能力极其重要,使学生通过运用环境生态原理知识解决实际问题。该门课程要求风景园林专业的本科学生在上好理论课的同时,须重视与实际联系。要求学生做到了解近代环境科学的发展、环境问题的产生发展,以及我国存在的环境问题;掌握生态学基本知识、环境因子、生态系统、生态工程等知识;学会用生态学观念来分析、解决环境问题。

4 现有条件及成果

4.1 实验室现有条件

哈尔滨工业大学建筑学院生态学实验室是以环境生态学为核心的重要实验平台,主要承担风景园林学科理论和设计课程的教学实验,可进行如水质分析检测试验及土壤分析检测试验。目前为庭园设计、生态公园规划、生态公园设计、景观工程与技术等课程提供实验环节。

土壤取样

老师讲解实验步骤

学生进行 pH 值比对

学生在测定土壤 pH 值

图 1　教学实践照片

实验室建筑面积 75m²，拥有便携式 GPS 定位仪、土壤取样器、实验室 PH 计、便携式 PH 计、便携式溶解氧分析仪、便携 COD 测定仪、离心机、土壤营养元素测定仪、冰箱、土筛、土壤破碎机、土壤比色卡、土壤盐分含量测试仪、便携式多参数测试仪、环境测试仪、干燥箱／培养箱、浊度仪、分析天平、多参数水质分析仪、自动电位滴定仪、BOD 测定仪、气相色谱仪、多参数水质分析仪、土壤溶液取样器、土壤盐分含量测定仪等仪器设备，总价值近百万元。指导教师具备充分的实验指导经验，其主要研究方向和课题研究对实验教学有很大的支撑。

4.2 已有成果

目前，在全国高等院校的景观专业中，少有院校设立了生态实验室，而将生态实验与设计课程结合的经验更是几乎空白。为了进一步完善城市景观设计课程的体系构成，推动教学的根本性改革，建筑学院以开展生态实验为基础，大胆进行了景观设计课程教学改革，并希望将其继续深化，成为建筑学院景观专业的一大教学特色（图 1）。

哈尔滨工业大学建筑学院景观系该门课程的主讲教师已开展了实验环节，旨在培养学生们建立严谨求实、科学理性的设计观念。同学们按分组自主测定了土壤和水的质酸碱度，亲身体验了通过科学量化获取真实可靠调研资料的过程，在学生熟练掌握了实验操作步骤及数据分析能力之后，把实验环节应用于建筑学院景观系多门城市景观设计课程的教学环节中，突破以往工程技术与设计课程难以融合的传统思想，切实加强了学生对于生态技术的科学认识，更加推进了景观专业的教学改革进程。

作者：张露思，哈尔滨工业大学建筑学院　副教授，硕导

基于整体统合观的风景园林生态技术教学研讨

吴远翔　赵晓龙　吴冰

Ecological Technology Teaching in the Curriculum of Landscape Architecture Based on Integral Consideration

■摘要：生态技术是风景园林规划与设计的重要核心内容之一，其教学过程贯穿了从低年级基础课到高年级专业课等一系列的理论课、设计课和实践课。在教学过程中发现，由于涉及课程多、不同教师在各自课程中的教学方式各异，难免会出现由于缺乏整体性统合而导致教学上的衔接脱节和交叉重复。本文从风景园林学科的教学重点与教学实践的反馈出发，将生态技术进行整理分类，并根据生态技术的教学特点，提出教学过程可分为"基础学习—设计应用—拓展学习与综合提高"三个阶段。以哈尔滨工业大学风景园林专业课程体系为例，从每一类生态技术的学习内容和教学要求出发，明确每一课程在教学整体脉络中的分工与定位，并分别阐述了不同课程的生态技术教学要点和要求，以保证学生循序渐进而完整系统地掌握各类生态技术。

■关键词：风景园林教育　生态技术　生态建构技术　生态管控技术　生态数字技术

Abstract：Learning and application of ecological technology plays a key part in landscape teaching courses system. And there is a series of theory courses, design courses and practical courses in the teaching process which goes through from major introduction of grade 1 to graduation design of grade 5. Because of the big teaching span, various courses and diversity of teaching methods, there will inevitably be separation in the schedule of ecological technology teaching plan, resulting from lack of integration. This article views from the perspective of comprehension and consistency of ecological technology teaching, suggesting that the period of teaching process can be divided into three stages, going through "preliminary learning, design application, expanded learning and comprehensive improvement". In the meantime, in order to clarify the division and position of each course in the whole stage of teaching ecological technology, ecological techniques in landscape teaching courses is divided into three categories, includingconstruction technology and intervene technology and digital technology, which starts from each content of classes learning and the rules of teaching, and taking Harbin Institute of Technology for example, respectively illustrate the significance and requests in the process of technology teaching.

Key words: Landscape Architecture Education; LandscapeEcologicalTechnology; Ecological Construction Technology; Ecological Intervene Technology; Ecological Digital Technology

广义地讲,技术是人类为实现社会需要而创造和发展起来的手段、方法和技能的总和。法国科学家狄德罗主编的《百科全书》给"技术"下了一个简明的定义:"技术是为某一目的共同协作组成的各种工具和规则体系。"生态技术是指既可满足人们的需要,节约资源和能源,又能保护环境的一切手段和方法,与环保技术、清洁生产技术概念比较,更具有广泛性和普遍性;其包括替代技术、减量技术、再利用技术、资源化技术等[1]。生态技术包含的内容和种类很多,本文将在风景园林规划、设计与管理中广泛应用并影响重大的生态技术称为景观生态技术。

1 生态技术教学

1.1 生态技术的分类

根据在风景园林教学中应用尺度、针对问题和教学方式的不同,本文将生态技术分为生态建造技术、生态管控技术[2]和生态数字技术三类(图1)。在下文则从每一类技术的学习规律出发,讨论课程体系中的不同课程在生态技术教学中的地位作用、教学要点和教学要求[3, 4]。

生态建造技术是指从生态和可持续发展的角度出发,在景观的设计、实施和管理中采取更加环保、低碳、节能的建造手段与方法的总称。包括生态材料(如材料的回收和循环再利用,避免运输能耗并能适应当地气候条件的本土材料,更加环保的新材料等)、生态构造(生态影响负面影响小的构造,如水体的池底构造采用膨胀土加灰土的防水处理方式,就比化工类的防水材料防水更加生态)、建造技术组合(如在生态水岸的设计中,通过多项生态技术的组合来达到补充地下水、生物生境建构、水土保持防冲刷、防堤固岸等生态目标的实现)。

生态管控技术是指为达到某一生态改造目标或解决一个生态问题,而采取对生态系统有针对性地进行干预、调节、管理或控制的技术手段[5]。包括生态保护技术(如生物多样性保护技术、生态保护红线划定技术等)、生态修复技术(如土壤修复技术、生态河道改造技术、湿地净水技术、微气候调节技术等)、生态建设技术(如城市雨洪管理技术、城市风道管理与规划、城市绿地网络建构等)[6]。

生态数字技术是指在景观规划与设计中依托计算机来完成的生态调研、生态分析、生态表达等多种辅助设计的数字技术的总称。包括生态设计表达技术(如平面表达的AutoCAD,PhotoShop,三维表达的SketChup、Rhino等)、生态分析技术(如微气候分析的Ecotect、景观

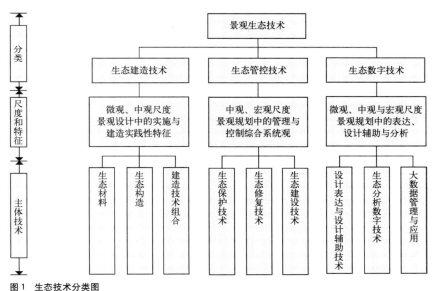

图1 生态技术分类图

格局分析的 Fragstats 等)、大数据管理与应用数字技术(宏观尺度的大数据采集与分析的技术,以 ArcGIS 为核心,包括遥感识别的 ENVY、定位的 GPS、数理统计的 Spss 等)。

1.2 风景园林的生态系列课程

作为一级学科,对人居生态环境的改善和致力于通过设计手段来解决生态问题始终是风景园林学的关注热点和社会责任所在。城乡规划学、建筑学及其他的环境设计类学科虽然也在不同的层面关注生态问题,但风景园林学更强调的是通过生态的设计手段来实现人与自然的协调和可持续发展,并将其作为学科研究的核心领域。在生态设计中,生态技术是设计的重要内容,是设计方案得以实施的基础,也是实现生态目标的最有力保障。因此,对景观生态技术的掌握与应用是职业景观师的必备素质,也是风景园林教学的关键内容与教学重点。

然而,景观生态技术是一个庞大、繁杂的技术体系,其教学过程也贯穿在从 1~5 年级几乎所有的风景园林专业课程中,这些课程不仅数量多,而且种类各异、教学方式也各有千秋,如果这些相互关联的课程不能明确分工、紧密衔接,将大大影响景观生态技术的教学质量[4, 7, 8]。本文从景观生态技术学习的连贯性、完整性和系统性出发,以哈尔滨工业大学风景园林本科教学为例,阐述了景观生态技术在不同的教学环节中的要求、掌握内容和教学要点,以期解决教学跨度大、课程衔接脱节的问题。

景观生态技术是一门面向实践的设计应用技术,在实践中深刻领会、掌握应用是技术学习的重要内容与手段。根据学生学习循序渐进、由浅入深的学习规律和多年的教学经验反馈,本文将景观生态技术学习分解为"基础学习—设计应用—拓展学习与综合提高"三个教学阶段。参照《高等学校风景园林本科指导性专业规范(2013 年版)》[9],本文将课程分为知识学习的理论课、专业课程设计的设计课和参观实训实习的实践课三类,然后分别论述每一课程在景观生态技术学习整体脉络中的分工与定位。

2 生态技术教学的统合与衔接

2.1 生态建造技术

生态建造技术属于景观工程技术的范畴,其特点:一是面向实践,需要在特定的场地内给出一个明确的技术解决方案,通常有着很强的场地针对性,因此在设计实践和施工现场学习是掌握该技术的重要途径,而不能仅限于书本的理论学习;二是要兼顾工程实施和生态环保,不可以只考虑生态,而忽略坚固、耐用等工程要求。

生态建造技术的教学可以分为三个阶段:(1)基础学习,主要以 1~3 年级的基础知识学习和简单应用为主,包括景观建造的生态价值取向、材料特征、技术使用方法、节点构造原理等方面的内容,教学重点是构造做法及其生态影响(表 1);(2)设计应用,3 年级设计课中的"用中学、边学边用"是重要的教学方式,也是真正掌握该技术的重要手段(表 2);(3)拓展学习与创造性应用,通过 4~5 年级的与国际接轨[10]和设计院实训进行拓展学习,培养学生根据设计的场地环境与条件进行创造性的应用和新构造设计成为教学重点,也是学生进一步提高技术能力需要突破的"瓶颈"(表 3)。

生态建造技术基础学习				表 1
课程类型	课程名称	开课年级	教学要点	要求
理论课	专业导论 景观概论 环境伦理学	1	概要介绍生态技术的意义与价值,树立初步的生态设计观	了解
	景观工程与技术	3	系统讲解景观构造的基本原理和生态影响,生态材料的特征与生态构造的做法	掌握
	景观规划与设计原理	3	若干生态建构技术的组合与协调,不同生态技术的差异与适用条件,经典组合技术案例分析与介绍	掌握
设计课	庭院设计 景观建筑设计 -3	2	初步应用生态建造技术,选择景观工程与建筑小品的材料与构造节点做法	熟悉
实践课	景观认知体验实习	1	通过现场实地观测的方式来对建造材料与技术有感性认识和初步了解	熟悉

注:参照《高等学校风景园林本科指导性专业规范(2013 年版)》,对知识点学习的要求由高到低依次分为掌握、熟悉和了解三个程度。

生态建造技术设计应用 表2

课程类型	课程名称	开课年级	教学要点	要求
设计课	场地规划与设计	3	进一步培养生态材料选择和生态构造做法的能力，掌握3～4种典型生态建构技术并能熟练运用	掌握
	生态公园设计	3	在掌握多种生态建构技术的基础上，尝试运用不同的技术组合来完成景观工程的建造，并解决生态问题	掌握
实践课	景观实务实习	3	通过现场观摩，进一步掌握材料特征和生态技术的实践应用	熟悉

生态建造技术拓展与提高 表3

课程类型	课程名称	开课年级	教学要点	要求
实践课	开放设计 开放设计专题	4	通过国际交流拓展学习不同国家根据其自身的环境与材料特征选择的生态建构技术；在国际景观师的指导下，进行生态建构技术的新探索与新尝试	掌握
	景观设计师业务实践	5	在一线设计单位的实际项目和施工图设计中学习与提高，真实项目的训练与挑战是教学重点	掌握
设计课	毕业设计	5	根据场地条件进行针对性的构造设计，并创造性地应用，选取效率最高的技术组合	掌握

2.2 生态管控技术

生态管控技术的教学中有两个重要环节，其一是掌握生态学背景知识，因为管控技术的本质是通过对生态系统的干预与管理来达到生态保护、修复与建设的目的，因此对生态过程特征与影响因素的掌握是管控技术应用的基础与前提；其二是对管控技术对组合用，宏观尺度的生态问题往往同时涉及多方面因素，因此如何选取针对性最强、效率最高的技术组合成为生态管控技术学习与掌握的关键。

生态管控技术的教学可分三个阶段：(1) 基础学习，在1～3年级学习生态学基础知识，了解生态管控技术的基本原理、实践应用和生态问题解决的景观学途径（表4）；(2) 设计应用，在3年级掌握不同尺度下采用不同的管控技术来解决生态问题（表5）；(3) 综合提高并拓展应用，在4～5年级拓展关注生态问题的领域并加深对管控技术的理解，学习更多的管控技术，通过更多、更大尺度的应用来提高对该技术的掌握（表6）。

生态管控技术基础学习 表4

课程类型	课程名称	开课年级	教学要点	要求
理论课	专业导论 景观概论 环境伦理学	1	当前人类面临的生态挑战和我国的生态危机；风景园林学科需要应对的生态问题；实现设计价值观从人本伦理到生态伦理的转变	熟悉
	景观规划设计原理	3	生态保护、生态修复和生态建设的基本原理和干预、调节手段，掌握若干常用的生态管控技术	掌握
	景观生态原理	3	生物多样性、生态评价、景观分层规划等生态管控技术，生态问题解决的景观学途径	掌握
	环境生态原理	3	生态学基本理论，生态系统的特征、影响因素和管理控制机制	掌握
	城市生态与环境保护	3	城市生态问题以及城市生态修复与建设的管理手段	掌握
	景观植物学	3	植物在生态系统中的作用与对生态的影响	熟悉
实践课	生态实习	3	通过对优秀案例的实地考察与分析，进一步掌握生态管控的方法、原则与具体实施技术	熟悉

生态管控技术设计应用 表5

课程类型	课程名称	开课年级	教学要点	要求
设计课	植物景观设计	3	应用植物配置和种植的不同组合，来调节微气候及改善生态环境，进行小尺度生态管控的初步尝试	掌握
	场地规划与设计 生态公园规划	3	中观尺度的生态修复技术和生态建设技术的学习与应用，包括土壤修复、生态河道改造、湿地净水、雨洪管理等管控技术的应用	掌握
实践课	景观实务实习	3	在真题设计中用管理、干预的方式解决现实生态问题	熟悉

<table>
<tr><td colspan="5" align="center">生态管控技术拓展与提高</td><td>表6</td></tr>
<tr><td>课程类型</td><td>课程名称</td><td>开课年级</td><td colspan="2">教学要点</td><td>要求</td></tr>
<tr><td rowspan="2">理论课</td><td>生态基础设施规划原理</td><td>4</td><td colspan="2">生态基础设施理论，生态网络修复与建构方面的理论与经典案例</td><td>掌握</td></tr>
<tr><td>景观环境影响评价</td><td>4</td><td colspan="2">环评主要内容，生态评价与管理的技术</td><td>熟悉</td></tr>
<tr><td>实践课</td><td>景观设计师业务实践</td><td>5</td><td colspan="2">学习当前工程项目常用的大尺度生态管理、调节手段</td><td>熟悉</td></tr>
<tr><td rowspan="4">设计课</td><td>开放设计</td><td>4</td><td colspan="2">开阔视野，了解国际上常用的生态管控技术及其应用</td><td>熟悉</td></tr>
<tr><td>区域景观规划</td><td>4</td><td colspan="2">区域宏观尺度的生态保护与生态修复技术，包括生物多样性保护、生态红线划定、生态评估等管控技术</td><td>掌握</td></tr>
<tr><td>生态基础设施与城市概念规划</td><td>4</td><td colspan="2">城市宏观尺度的生态修复与生态建设技术，包括河道改造、雨洪管理、生态网络保护与修复、城市风道规划等管控技术</td><td>掌握</td></tr>
<tr><td>毕业设计</td><td>5</td><td colspan="2">针对特定生态目标综合应用并组合最高效的管控技术</td><td>掌握</td></tr>
</table>

2.3 生态数字技术

在当今的数字化时代，数字技术已成为各个尺度、各种类型的生态规划设计与管理不可或缺的辅助工具。作为一种重要的辅助技术与应用工具，生态数字技术的教学要点是技术使用与生态设计的紧密结合，并明确不同数字技术在设计中的应用条件、发挥作用和软件优缺点，避免出现生态分析和表达与数字技术使用脱节的现象。

生态数字技术的教学可分三个阶段。（1）基础学习，主要是软件学习与基础绘图能力训练，集中在1～2年级；以基础理论知识学习和软件操作训练为主，包括对生态设计方案的各阶段成果与最终成果的数字化表达等方面的内容（表7）。（2）设计应用，即数字技术辅助生态设计，集中在3～4年级；主要包括两方面的应用，其一是生态分析，包括数字技术在生态调研、生态分析、方案对比与推敲、生态设计成果表达等方面的应用，其二是对大数据的采集、处理、分析和应用的学习[11]（表8）。（3）拓展学习与综合应用，主要集中在5年级，是对所学的数字技术的综合应用和提高的训练（表9）。

<table>
<tr><td colspan="5" align="center">生态数字技术基础学习</td><td>表7</td></tr>
<tr><td>课程类型</td><td>课程名称</td><td>开课年级</td><td colspan="2">教学要点</td><td>要求</td></tr>
<tr><td rowspan="2">理论课</td><td>CAD技术基础</td><td>2</td><td colspan="2">常用绘图软件的学习，设计辅助软件的基本操作和使用要点、设计成果的数字化表达</td><td>掌握</td></tr>
<tr><td>景观数字设计导论</td><td>2</td><td colspan="2">软件的拓展学习，各类软件的生态数据采集与生态分析功能，数字技术的生态辅助设计应用</td><td>掌握</td></tr>
<tr><td>设计课</td><td>1～2年级的设计课</td><td>1～2</td><td colspan="2">绘图能力的训练，培养上机操作能力</td><td>掌握</td></tr>
</table>

<table>
<tr><td colspan="5" align="center">生态数字技术设计应用</td><td>表8</td></tr>
<tr><td>课程类型</td><td>课程名称</td><td>开课年级</td><td colspan="2">教学要点</td><td>要求</td></tr>
<tr><td>理论课</td><td>地理信息系统</td><td>3</td><td colspan="2">ArcGIS是大数据管理与应用的核心平台，对应解决的生态问题讲解大数据的采集、管理、生态分析、成果表达等方面的应用[12]</td><td>掌握</td></tr>
<tr><td rowspan="2">设计课</td><td>场地规划与设计
生态公园规划
生态公园设计</td><td>3</td><td colspan="2">生态调研的数据整理与分类；
场地的植被、生境、微气候等中观尺度的生态分析；
方案对比与推敲</td><td>掌握</td></tr>
<tr><td>生态基础设施与城市概念规划
区域景观规划</td><td>4</td><td colspan="2">训练景观格局、廊道系统、绿地网络等宏观尺度的生态分析；
初步掌握大数据采集、管理、应用的全过程，用以解决1～2个具体的生态问题</td><td>掌握</td></tr>
</table>

<table>
<tr><td colspan="5" align="center">生态数字技术拓展与应用</td><td>表9</td></tr>
<tr><td>课程类型</td><td>课程名称</td><td>开课年级</td><td colspan="2">教学要点</td><td>要求</td></tr>
<tr><td>实践课</td><td>景观实务实习
景观设计师业务实践</td><td>5</td><td colspan="2">了解当前一线设计单位常用的生态数字技术并学习其具体应用</td><td>熟悉</td></tr>
<tr><td>设计课</td><td>毕业设计</td><td>5</td><td colspan="2">拓展学习生态数字技术，针对现实生态问题做综合性、系统性和深入性的技术应用训练</td><td>掌握</td></tr>
</table>

3 结语

生态技术的掌握与应用贯穿在生态系列课程的始终，也是风景园林专业教学中的重点与难点。本文从本科基础教学的视角出发，将风景园林生态系列课程中较为重要的生态技术归纳为生态建构技术、生态管控技术和生态数字技术三类；并从生态技术教学连贯性与整体性的视角出发，讨论了不同课程的教学分工、教学侧重点以及课程之间的相互衔接。

在我国的风景园林教学体系中，农林类院校、建筑类院校、环境类院校和艺术类院校都有其各自的教学特点和学科优势，共同形成了百花齐放的人才培养体系[4, 13]。本文论述的景观生态技术教育是基于哈尔滨工业大学风景园林专业的生态系列课程的教学经验和心得，体现了较强的建筑类院校的教学特征；同时，文中讨论也多为在景观规划与设计中使用较为广泛的生态技术，一家之言，难免以偏概全。期以本文抛砖引玉，共同深化对景观生态技术教学的研究。

（基金项目：黑龙江省高等学校教改工程项目，项目编号：JG2014010726）

注释：

[1] 秦书生. 生态技术论（第一版）[M]. 沈阳：东北大学出版社，2009. 5-12.
[2] 张浪，吴人韦. 生态技术在上海世博园区绿地建设中的综合应用研究 [J]. 中国园林，2011 (03)：1-4.
[3] 林广思. 关于规划设计主导的风景园林教学评述 [J]. 中国园林，2009 (11)：59-62.
[4] 李雄. 北京林业大学风景园林专业本科教学体系改革的研究与实践 [J]. 中国园林，2008 (01)：1-5.
[5] 张青萍，徐英. 论上海世博会园区生态规划及生态技术 [J]. 风景园林，2010 (02)：56-57.
[6] 王云才，王敏，严国泰. 面向 LA 专业的景观生态教学体系改革 [J]. 中国园林，2007 (09)：50-54.
[7] 王浩，苏同向，赵兵. 聚点成面、以面拓展、强化核心——南京林业大学园林规划设计教学体系的创新建设 [J]. 中国园林，2008 (01).
[8] 唐军. 以设计为核心，以问题为导向——东南大学风景园林本科教育的思路与计划 [J]. 风景园林，2006 (05).
[9] 高等学校风景园林学科专业指导委员会. 高等学校风景园林本科指导性专业规范（2013 年版）[M]. 北京：中国建筑工业出版社，2013. 3-7.
[10] 赵智聪，杨锐. 清华大学"景观规划设计"硕士研究生设计课程评述 [J]. 风景园林，2006 (05).
[11] 侯韫婧，赵晓龙，朱逊. 从健康导向的视角观察西方风景园林的嬗变 [J]. 中国园林，2015 (04)：101-105.
[12] Grabaum R, Meyer B C. Multicriteria optimization of landscapes using GIS-based functional assessments[J]. Landscape & Urban Planning, 1998, volume 43 (1-3)：21-34.
[13] 傅凡，杨鑫，薛晓飞. 对于风景园林教育若干问题的思考 [J]. 中国园林，2014 (12)：80-83.

作者：吴远翔，哈尔滨工业大学建筑学院景观系 副教授，硕导；赵晓龙，哈尔滨工业大学建筑学院景观系 系主任，教授，博导；吴冰，哈尔滨工业大学建筑学院 博士，工程师

"大图"媒介下的风景园林专业参与式设计教学研究

薛名辉　夏楠

On the Participatory Update and Design Teaching inLandscape Architecture Discipline by A Big Drawing

■摘要：本文以哈尔滨工业大学风景园林专业 2015 夏季学期社区公园参与式设计工作坊的工作纪实为主线，论述了以"大图"为媒介的参与式设计操作，以及"大图"所促成的参与式设计思考，佐证了在参与式设计中最为重要的"看见"的内涵，并指出这是风景园林专业参与式设计教学中，"以人为本"和"走向创新"的关键。

■关键词：风景园林　参与式设计　"大图"设计操作　设计思考

Abstract：This paper is based on the work note for the participatory update and design of the community park in landscape architecture discipline Harbin Institute of Technology. It tells the design operation as well as design thoughts on the big drawing. It proves that seeing is the most important part in participatory design. Besides，it is also the key of people foremost innovation oriented.

Key words：Landscape Architecture；Participatory Design；Big Drawing；Design Operation；Design Thoughts

处于象牙塔的这段时间里，面对着黑板、电脑、书籍、老师的指导和自己的图板，设计也仿似变成了"场地调研——方案生成——结果推演"的简单过程。我们似乎忘了为什么要设计，设计为了谁？我们并不确切了解使用者的需求，但却往往遐想出一个空虚的愿景。
　　　　　　　　　　　　　　　　——工作坊中的学生感言

参与式设计是一种以空间使用者为中心的设计方法，其目标在于营造好品质的社区环境，形成丰富、民主的邻里生活。将参与式设计的方法介入到风景园林设计教育中，是符合高等教育内涵式发展的新举措，有利于强化实践精神，锻炼创新能力，并促进学生社会责任感的养成。

2015 年夏，哈尔滨工业大学建筑学院风景园林专业利用夏季短学期的时间，邀请了在参与式设计方面有着丰富经验的台湾地区中原大学喻肇青教授,与笔者共同合作,带领13名风景园林专业本科三年级的学生进行了一期以"我的北秀我做主"为主题的社区公园参与式设计工作坊,期间利用"大图"作为主要的参与媒介,取得了一定的经验与成果,同时也促使了一系列的设计思考。

1 "我的北秀我做主"

"我的北秀我做主"是学生们为本次社区公园参与式设计工作坊所起的名称,寓意是希望社区的居民能够把社区公园当家,并主动反映出自己的意见与感受,供设计者看见,并在设计中赋予体现。

北秀公园是位于哈尔滨火车站附近的一处方形街心小广场,被四条道路围合,周边均为传统居住区(图1);于是,北秀公园便成为这些居民平时休闲活动的主要场地,是该社区内的重要户外空间。由于其场地狭长,规划不尽合理,造成空间逼促(图2);且树林环境过于幽闭(图3),设施不够完善,亟待更新与改造。故本次设计将其作为设计对象,期望能够用参与式设计的方法对北秀公园进行深入的调研和分析,最终为社区居民贡献一份

反映他们心声的设计案;并在锻炼学生的同时,提高公园周边社区民众的社会参与意识。

2 "大图"为媒的参与式设计操作

参与式设计,其中最为重要的一点,可以用"看见"两个字来概括,包含着两个层面的内涵。

(1)社区居民与设计者的"互相看见":社区居民作为参与客体,看见设计者的真诚与努力,才会更加积极参与设计,提出真实的意见;而通过与社区居民的交流与沟通,设计者真正地"看见"设计对象中存在的设计问题。这是设计"以人为本"的关键[1]。

(2)设计者对于设计对象的"看与发现":设计者作为参与主体,只有在基地中的亲身感受,真实地去看待设计对象,才能发现设计的"机会"与"潜力",这是设计"走向创新"的关键[1]。

在这样的关键点之下,参与式设计工作坊的相关原则及方法可如表1所示。在本次面对社区公园的参与式风景园林更新设计工作坊中,因课程时间限制,无法进行完整的一次从设计到建造的全过程,故课程伊始便制定了以一次"调研→参与式沟通→意见反馈→成果展示"的阶段性过程计划,而其中的主要媒介便是"大图"。

参与式设计工作坊的相关原则及方法一览 表1

序号	原则	工具或方法	效果
1	各类型、年龄使用者积极参与	大图	吸引人群关注,清晰明确地传达设计意图
2	设计愿景及效果的展示	大模型	帮助非专业人士迅速了解方案
3	尊重使用者的自主性	投票	让参与者感到自己正在参与,并有能力改变
4	直观表达设计	现场放样	清晰明确地传达设计意图
5	满足个别使用者需求	意象图片	得到更多参与者的支持
6	参与设计与施工	工作站	提高建成项目的完成度
7	寻求政府或机构支持	建议书	获得资金及政策的帮助
8	看见社区或场地的过去	让民众讲故事	挖掘场地历史,获取更多关乎设计的知识
9	社区中的带头人 (热心居民、社区代表、政府)	与热心人士保持联系	集聚更多关注人群

图1 基地区位

图2 空间逼促

图3 树林幽闭

"大图"是参与式设计中常用的一种工具，一般指反映设计基地布局情况的总平面图。当这张图的尺度远远大于人的尺度时，其作为图纸的意义便大大减弱；使用者和设计者在图纸面前，会有一种身临其境的感觉，更容易将自己带入到设计的情境之中。另外，一张"大图"也像一张展示墙，在这张图前，可以充分地进行设计意见的交换与交流。在本次设计中，学生们依据展示的需要，以1∶50的比例，制作了一张2.4m×6m的大图，并以这张"大图"的展示活动为核心，制定了详细的工作计划（表2）。后续的事实证明，正是这张"大图"在整个设计操作的过程中，发挥了充分的作用，成为整个设计工作坊取得成功的有力保证。接下来将通过整个设计工作坊的过程实录，来详细论述这张"大图"在设计过程中所起的作用，以及所引发的设计思考。

"我的北秀我做主"设计工作坊时间计划表　　　　　　　　　　表2

星期	日期(2015年)	时间段				
		4∶30~7∶30	9∶00~11∶30	13∶30~15∶30	16∶30~18∶30	19∶30~24∶00
一	7.6		理论知识讲授			亲历现场感受
二	7.7	亲历现场感受	准备工作	现场测绘	现场绘制"大图"（现状图）	讨论总结准备展示材料
三	7.8	"大图"展示a居民现场投票	收集意见	意见整理	"大图"展示b居民现场投票	初步方案设计准备展示图纸
四	7.9	"大图"展示c候选方案讨论	现场设计调整	设计方案深化，形成新的"大图"（设计图）制作设计前后的对比效果图		
五	7.10	成果发表意见再汇集	整理资料及过程记录		成果发表意见再汇集	总结及庆功

2.1 "大图"的现场绘制，激发民众参与热情

在第一天的理论知识讲授之后，学生们便对参与式设计有了一定的了解，也开始对后面的设计活动跃跃欲试。

第二天的工作如图4所示：①6∶30pm，在明确设计任务之后，傍晚来到设计基地北秀公园进行第一次的现场踏勘；②6∶40pm，北秀公园是周围社区居民的重要活动场地，在这个时间段，公园内的人数达到峰值；③活动的项目也是多样，除了近年来风靡全国的广场舞外，扭秧歌和跳交际舞的人群也不少，角落处还有一片儿童的活动区；④7∶00pm，第一轮的现场踏勘结束，直观感觉公园空间存在很多使用上的问题，改造潜力很大。

为了更好地发现基地的问题，早晨整个设计组又来到了基地现场：⑤5∶30pm，早起到达北秀公园，和晨练的人群聊天；⑥5∶40am，为了在不引起使用人群的戒备下发现客观真实的问题，学生们开始主动参与至晨练活动中；⑦活动内容丰富多彩，图为喻肇青老师和一位阿姨对弈；⑧在积极的交流之中，大家得到了对整个场地的初步认知；⑨9∶00am，短暂休整之后，回到教室继续讨论，整理踏勘所得；⑩9∶30am，在大家一致推选的组

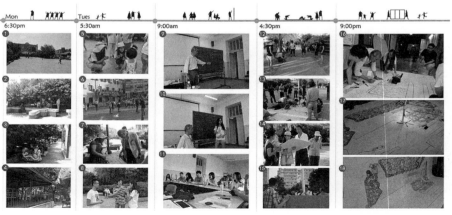

图4　工作坊第二天工作实录

长主持下开始制定工作计划；⑪11：30am，用投票的方式，确立活动名称为"我的北秀我做主"，以及确立下午去基地现场绘制"大图"的计划；⑫4：30pm，现场绘制"大图"的准备工作；⑬5：00pm，现场制图开始，这一举动马上引来很多社区居民围观，成功地吸引了大家的注意。⑭在制图的同时，同学以设计师的身份与围观群众积极进行交流；⑮7：00pm，太阳落山的时刻，开始收工，并和社区居民承诺，明早将展示图纸；⑯9：00pm，为了明早的计划顺利进行，开始加班制作；⑰对于"大图"的一些画法进行探讨；⑱1：00am，一张完整的基地底图终于制作完成，这时距离出发去现场还有3个小时的时间。

在这一天的工作中，最为重要的环节应该是大图的现场绘制。因为这一活动解决了在参与式设计中经常存在的一大问题，即设计团队应如何进场，如何尽快地获得社区民众的关注和相信？学生们通过3个小时的现场测量、放样及制图，成功地吸引了该时段社区公园使用者的好奇心与注意力；同时，勤奋、务实的工作态度也带来了社区居民对设计团队的好感，激发了民众的参与热情，为后一天的设计交流顺利进行打下了坚实的基础。

2.2 "大图"的场地还原，呈现真实设计问题

第三天的工作如图5所示：①4：30am，设计队伍便到达北秀公园搭建简易工作站；②4：40am，开始搭建图纸背板；③4：50am，背板加固，准备上图纸；④5：00am，调整好图纸，参与式互动正式开始。以下便是一些与社区居民互动的场景：⑤一位奶奶在活动中提出了她不喜欢的公园空间；⑥随着人越来越多，附近的居民积极参与活动，与同学和老师展开热烈的讨论；⑦一位阿姨在选择意象图片时，相中了一个拉锁结构的亭子；⑧平时沉默寡言的爷爷们也参与进来。

随着晨练人群的减少，持续约3个小时的充分交流也就结束了；⑨8：10am，设计人员在贴满意见的"大图"前合影留念，随后分小组留守场地继续记录；⑩1：40pm，树荫下打牌的活动记录；⑪2：30pm，树荫下打麻将的活动记录。

傍晚时分是公园使用最为频繁的另一个时段；⑫经过轮休，"满血复活"的同学们再次来到公园汇集意见；⑬5：20pm，过往的民众对公园中一处被占用的空间纷纷表达不满；⑭6：40pm，人群越来越多，讨论也愈趋激烈；⑮7：30，日落西山，由于光线变暗，设计团队开始收工，回去整理意见，准备明天的继续反馈。

在这一天的工作中最为重要的环节应该是"大图"竖立所形成的展示板。在这一块尺度庞大的展示板前，非专业的使用者可以很快地确定自己所处的位置，并将这一张"大图"的内容与整个公园的环境建立对应关系。与此同时，学生们还准备了两种不同颜色的小旗，其中红色小旗代表"喜欢的地方"，黄色小旗代表"不喜欢的地方"，使用者可以自由投票；另外，还准备了便签，记录使用者的意见，并将其贴到对应位置（图6）。应该说，是"大图"使得真实的设计问题得以充分呈现。

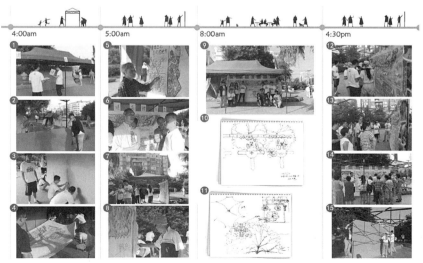

图5　工作坊第三天工作实录

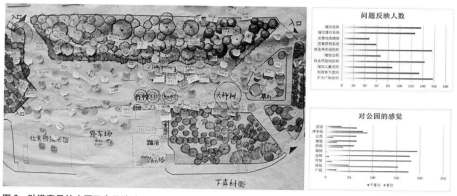

图6　贴满意见的大图及意见统计

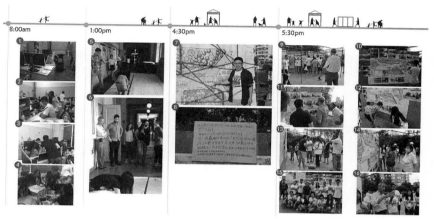

图7　工作坊第五天工作实录

2.3　"大图"的设计操作，公众面前深化方案

第五天是工作计划中成果发表的日子，也是向社区居民展示这一段时间设计工作的重要时刻，这一天的工作如图7所示。

8：00am：①同学们在专心绘制CAD图；②探讨具体的场地改进措施；③认真倾听设计思路；④针对方案进行讨论。一上午的时间，同学基本完成了另外一张"大图"，即"北秀公园改造设计总平面图"。

1：00pm：⑤同学们相互配合对打印出来的图纸进行填色处理；⑥也邀请了相关的老师对设计方案进行评价。

4：30pm，开始进场，成果发表准备：⑦进行成果发表的图纸展示工作；⑧简单制作宣传语，采用了亲切的东北口头语，内容如下："北秀社区的大爷、大妈、叔叔、阿姨、小朋友们，你们好！相信这几天您对我们已经不陌生了吧！这一周来，感谢大家对我们的公园现状提出了大量的宝贵意见，这促使了议题的产生，酝酿出了改造的潜力，现在一份更新设计成果已经展现在您的面前，还望您继续拍砖。后续，我们也将提案到相关部门，希冀着我们的公园能够变得越好！"

5：30pm，成果发表正式开始：⑨社区居民观看悬挂的现状总平面图和更新总平面图；⑩居民在仔细观看北秀公园的改进方案；⑪社区居民与老师进行深入交谈，并再次提出改进意见；⑫小朋友们也大声表达出他们的意见；⑬一位负责本区域卫生的环卫工人也加入讨论中；⑭广场舞后的叔叔阿姨们集体参与到讨论中；⑮同学和老师合影留念；⑯大家在现场总结交流。

在这一天的工作中，最为重要的环节是两张"大图"——现状总平面图与更新总平面图——的对比，以及附在这两张"大图"旁的节点改造前后的对比效果图（图8，图9）。社区居民们通过两张"大图"的对比，发现自己之前所提的意见在设计方案中得到了充分的尊重与体现；通过公园各个节点改造前后的效果图对比，看到了公园改造未来的愿景。这些都

图8 展板左侧贴满意见的现状总平面图

图9 展板右侧搭配改造意象的更新总平面图

图10 工作坊第四天工作实录

促使他们更为热情地投入到参与式设计的过程中，去帮助同学来深化设计方案。在这一刻，"大图"成为沟通专业者与非专业的使用者之间的桥梁。

3 "大图"为底的参与式设计思考

当"大图"作为参与式设计的媒介时，其很好地促成了设计过程中社区居民与设计者的"互相看见"；但对于第二层内涵——设计者对于设计对象的"看与发现"，则可以将"大图"作为设计中的一种工具，通过以"大图"为底的参与式设计思考来实现。

经过两天的意见汇集之后，同学们仿佛明白了设计问题所在，但如何将这些设计问题转化成具体的设计方案，还需要一个具体的思考的过程，这是工作坊进入到第四天时的主要任务。这一天的工作如图10所示：①5：30am，老师与同学们将"大图"摊在地上，直接讨论方案；②设计中的议题、限制因素和设计潜力分析；③5：50am，将公园的设计划分为四个部分，四个小组各自负责相应区域；④6：30am，对应"大图"，老师带领大家深入了解场地，分析场地每一部分的设计潜力；⑤7：00am，行走中，新的想法不断涌现，大家对场地有了新的了解；⑥亲身感受结束，同学们各自拍摄场地素材；⑦7：30am，现场设计结束，返回学校准备；⑧7：30pm，在会议室开始成果发表前的最后一次讨论；⑨\⑩各小组分别讨论，并决定展示中各效果图的视角；⑪8：30pm，讨论结束，开始准备成果发表。

这一天的重要环节应该是现场"大图"上的讨论，以及对应"大图"的"设计行走"。

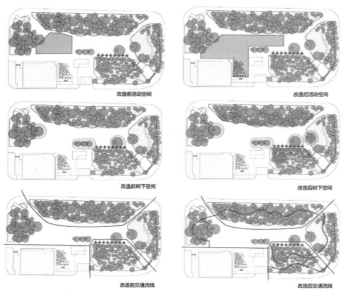

图11 设计策略示意

当大图的尺寸足够大时，便可以以"大图"为底，设计者来模拟所处各个区域时的空间感受；同时，也可以很快地从图纸转变到真实的空间中，完成图与底的转换。在"大图"上的讨论，形成了一系列设计的关键点（表3）。

设计关键因素一览   表3

设计议题	(1) 广场扩大；(2) 树林下空间处理；(3) 儿童空间；(4) 网架的去与留；(5) 厕所；(6) 停车场栏杆；(7) 环境照明；(8) 铺装更新；(9) 环状慢行系统；(10) 增加座椅
限制因素	(1) 树不能移动；(2) 占地的北秀宾馆暂时不能迁移；(3) 地下为人防工程；(4) 北方的气候因素，不利于做水景
设计潜力点	(1) 场地存在一定高差；(2) 地下室可以利用；(3) 树林下空间可以利用；(4) 场地内活动的多样性；(5) 阳光的变化

基于这些设计的关键因素，同学们以活动空间、树下空间、交通流线为主要的三个设计切入点，形成了既呼应民众需求，并兼顾可实施性与创新性的更新策略（图11）：(1) 与宾馆协商，拆除护栏，变宾馆旁空间为社区与宾馆共用，丰富活动的多样性；(2) 清理树下空间，打通树林与广场的界限，使部分休闲性活动进入树下；(3) 在树林中建立环状慢行系统，提供遛弯与慢跑的场所。

4 结语

一直以来，我们都在风景园林专业的设计教学中强调"以人为本"，可什么才是真正的"以人为本"，如何能够有效地倾听到使用者的声音？在这一次的参与式设计工作坊中，学生们走出教室，走向社区；利用一张"大图"为媒介与思考的工具，改变传统风景园林的设计模式，投入参与热情；在与居民的交流中分担责任，在设计的操作中做团队贡献。我想，这就是风景园林的参与精神吧。

（基金项目：黑龙江省研究生教育教学成果奖培育项目，项目编号：CGPY-201426）

注释：

[1] 王本壮，李丁赞，李永展，洪德仁，高宜，陈其南，喻肇青，曾旭正，黄世辉，黄瑞茂，刘秋雪，颜雯涓. 落地生根——台湾社区营造的理论与实践 [M]. 台北：唐山出版社，2014.

作者：薛名辉，哈尔滨工业大学建筑学院 讲师；夏楠，哈尔滨工业大学建筑学院景观系 讲师

解读风景园林专业的共创性教学模式

冯珊　赵晓龙　韩衍军

Analysis of the Integration Teaching Mode for Landscape Architecture

■摘要：传统的风景园林专业教育注重技能的训练，关注审美的熏陶，侧重形态塑造、设计表述和模型制作等设计内容。本文阐述新的风景园林教育体系内容，采用共创性教学模式与方法，以解析式过程教学策略、体验式整合教学策略和开放式协作教学策略，构建和体现以学生为教学主体的教学模式，培养学生的综合素质和潜质，引导学生从系统的宏观的整体角度去认识设计过程和从事设计创作。这不仅是教学过程的更新，也是教学意识的变革。
■关键词：风景园林　共创性教学模式　解析要素　体验意境　协作参与

Abstract：Traditional landscape architecture professional education pay attention to the training of skills, the aesthetic, focus on the morphological shape, design expression and model making. Content in this paper is a new landscape architecture education system, with integration teaching mode and method, using analytical process teaching strategies, experience teaching strategies and open collaborative teaching strategies which will build and reflect student—centered teaching main body, develop the students' comprehensive quality and learning potential, guide students realizing the design process and design creationfrom the macroscopic system. It is not only the update of teaching process, but also the reformation teaching consciousness.
Key words：Landscape Architecture；Create A Teaching Model；Analytical Elements；Experience Artistic Conception；Collaborative Participation

一、引言

　　全新的风景园林教育体系追崇对设计创新方法和思维的应用，共创性教学模式与方法旨在着重于构建和体现以学生为教学主体，采取在具体的、微观的层面对教学活动或教学题目进行解读认知和分析解答的形式，发挥学生的专业潜能，培养学生的综合素质，并在教学内容、教学方式、教学手段和教学评价等方面进行探索。

(1) 教学目标与教学内容的共创

传统教学研究中的弊端是教师讲授内容多，学生参与机会少；学生对学习内容的安排能力弱，离开老师，就不知道自己学什么、怎样学或者为何学。这致使学生降低了自主学习能力的同时，也丧失了学习信心。共创性教学模式是由师生双方共创教学内容。既要针对学生个体的求知需求和接受知识的差异性；又要教师了解学生的求知欲，共同商榷教学的内容，进一步准确专业定位和教学目标。

(2) 教学主体与教学方式的共创

师生之间在教学活动中实行主体角色的转换，即"学生←→老师"的教学方式，充分发挥学生在学习过程中的主体地位；共创民主自由、温馨愉快的学习气氛，进而建立一种平等合作的师生关系。教学过程中的角色共创与联动，不仅存在于师生之间，也存在于学生之间。教师可以按照学生的水平高低，合理搭配互动小组，优势互补、互相尊重、互相提高，培养学生的协作能力。教师更应鼓励学生敞开心扉，释放情感，将内心情感以独特方式展现于教学活动中，从中发现学生的个性并促使其强化和完善角色的置换。

(3) 教学手段与教学评价的共创

风景园林专业的教学，教师应当尽可能多地给学生提供表达设计过程的机会，让学生针对专业课题的感受与认识、理解与体验等进行多方面的表述。多给学生演说或讲演的机会，培养学生语言表达能力，明确专业评价态度和学会过程学习的评价方法。

风景园林设计教育过程中的共创性教学模式的实施，不仅是教学过程的更新，也是教学意识的变革。它顺应了社会发展的趋势，导引学生专业成长的方向。在具体进行的教学活动中，实施的教学策略可以分成三种形式，即解析式过程策略、体验式整合策略和开放式协作策略等（表1）。

共创性教学模式的组成 　　　　　　　　　　　　　　　表1

教学体系的构成	教学策略的共创性	教学策略
教学目标	目标认同的共创	解析式过程策略
教学内容	内容商榷的共创	解析式过程策略
教学主体	角色联动的共创	体验式整合策略
教学方式	情境体验的共创	体验式整合策略
教学手段	协作提升的共创	开放式协作策略
教学评价	评价激励的共创	开放式协作策略

二、解析式过程教学策略

解析式过程教学是通过教师的讲授解析，使深奥、抽象的专业知识，如一些专业名词、设计理论等，变得具体形象又浅显易懂，有利于学生全面、深刻、准确地掌握基本知识，促进学生专业能力的全面发展。

（一）分解表征形态

1. 合成要素语汇

建筑作品的"合成"(synthesis)，即是将各个元素集中以形成一个实体，并严格按照彼此协调的原理，互为补充又相对独立，生成基于艺术家特性的新论点或新作品。这就是所说的"诗的破格"(poetic license)。在风景园林教育的教学中，就是通过一些训练来发展学生的空间想象力，发挥其个性和自我约束力，这种试图将一种功能赋予一个形状的有针对性的练习，不仅是合理的，而且值得提倡。图1是学生在课程设计过程中把相关景观设计要素分解后的图示表达。

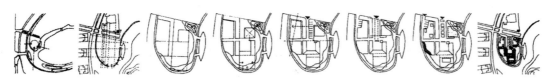

图1 设计要素分析图

2. 协调组织结构

在合成设计要素的过程中基本步骤是"组织"和"建立"秩序。因此教师应当引导学生建立整体内部相关联的机制，很好地协调各种要求，包括场地环境要求、经济技术要求和功能空间要求等。诸如在平面或立面上能够引发联想的生物体形状（如生物器官和变形虫等），常常会被赞誉为有机建筑作品，而"有机"的标准不在于外在形式而在于风景园林各个要素间相互作用的有序联系（图2）。人类面对海洋与陆地等大地肌理，从以往被动尝试着去刻画它，到现在科学与艺术地雕琢它，丰富的想象力赋予风景园林肌理以无限的魅力（图3）。

3. 强化秩序重点

"秩序"是细致地分析考虑作品内部和环境间的限制关系，进而形成相关的重点陈述。在风景园林专业教学过程中，教师要教导学生既要能够建立关联性，又要强调设计的简洁性以及组织结构的秩序性;同时强化设计中的"重点"部分，即或是代表整个风景园林的焦点，或是作为一个中观层面的节点，或是被当作周围环境所有其他要素的要素结点。图4案例为学生联展作业，它可以表述室内空间、风景园林空间、广场空间;也可能是一幅壁画或一组雕塑，或是实体、虚体、色彩、光线、标志、符号等等;抑或是城市生活节点与视觉重叠穿插所形成完整焦点的表现。

（二）解读组合空间

1. 印象性

城市的印象性赋予一个环境所产生印象的能力，是环境所具备的优秀品质，其中最重要的因素是时间和速度，即时间的间隔长度和途径环境的行进速度是我们对环境知觉的基本因素。风景园林教育的任务就是合理地安排和细心挖掘能够唤起形式上与意义上的特质，从宏观上把握设计"尺度"概念，有效地控制空间序列中的时间间隔以获得最佳的"印象性"（图5）。

2. 易读性

城市的易读性是设计控制的一个素质，是力求容易"读懂"而面对一个环境不感到困惑。在教学过程中通过建筑平面的细部设计以良好的平面组织和合理的秩序来实现，并以强化重点来解析易读性。中世纪巴黎"难读"和混乱的格局在奥斯曼（Haussmann）时期是用直线的林荫大道打开后即变得"易读"的（图6）。同样学生也可以利用空间设计手段发挥其空间的知觉感觉能力和创造空间的序列性，也使得易读性成为可能。

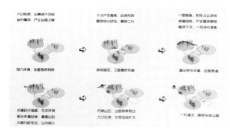

图2 建立内部关联的设计分析

图3 风景园林地面要素的有机表述

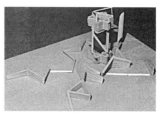

图4 学生联展作业：强调秩序性

图5 建筑庭院的"印象性"

a）鸟瞰图   b）香榭丽林荫大道

图6 奥斯曼时期的巴黎城区改造后的"易读性"

3. 多样性

多样性涉及许多因素诸如形式、体量、感觉和活动等。它与印象性、混乱、单调、特性等概念直接相关。多样性必须加以控制以便在各个印象之间产生一个好的差别，从而产生良好的印象性。学生在风景园林设计学习中的多样性研究，既是提高自身素质的智力工具，又能进行空间的氛围塑造和情感诉求，诸如恰当运用尺度、和谐比例关系以及表达设计主题等等。

（三）延展功能内涵

理想的空间产生归属感和安全感。功能是在为各类行为创造适合环境的过程中产生的，形式则是来源于材料与技术的创造性利用，或者新的空间体验和场所的充分表现。因此教师在设计教学过程中引导学生发挥主观能动性，关注动态的文化设计观，激发使用者更加丰富的行为，唤醒对艺术本质的深层感知。注重风景园林体验具有生长的特性，使有限的风景园林获得无限的生命，不仅满足物质需求，还提供解释、交往、对话的天地。

三、体验式整合教学策略

体验式整合教学手段是风景园林设计教学模式中十分重要的组成部分，在课堂教学过程中通过一些角色联动、情境体验活动，使学生在亲历体验过程中理解并建构知识、发展能力、产生情感等，对学生今后的职业规划设计具有重要意义。

（一）拓展环境范畴

人与自然的疏离导致人类在环境中的孤立。建筑和风景园林的大量实践经历了两者的混合比以往任何时候都更加强烈，这在风景园林实践设计方面不乏成功范例。因为小尺度城市开发项目，包括公共风景园林设计和私人的风景园林环境，这种混合与交融是通过风景园林的设计语言延伸到建筑的外部环境，而部分建筑环境也会将其形式借鉴于风景园林专业范畴。

（二）体会场所空间

城市空间的场所性、风景园林空间的领域性以及建筑空间的多元性带给风景园林教育的挑战与觉醒，始终是创造空间的原动力。风景园林专业教学中应当注重对题目空间场所的逐一解析，强化在城市范畴既要通过创新性的形式，重塑正在从城市中逐渐消失的公共空间；又要在整个城市、建筑和风景园林设计方面展现高超的技巧，寻求和提供历史城区及城市区域的更新新途径。

由世界知名景观设计事务所 OKRA 事务所设计的 Koren 市场项目，以其开阔的场地和别致的城市公共空间景观特色入选 2013 年度公共空间奖的决赛奖。Koren 市场位于比利时梅赫伦市 Dijle 南岸沙脊上，极具特色的中央广场周围有餐厅、酒吧和各类店铺，以及宽敞的露台，还有坡度较缓的一直通向 Dijle 的楼梯。在开阔区域分散生长的几棵树木，形成小城里最具生气的开放空间（图 7）。

（三）体验整合意蕴

20 世纪 70 年代后，建筑试图摆脱功利的现代主义束缚，而对生态形式的追求并没有撼动功能主义的实用性和高效率，反而以高成本、低空间效能来回答许多现实的功能性难题。风景园林专业教学中，让学生充分理解和掌握针对实用主义建筑和浪漫主义建筑理论价值观念在现实历史演进中普遍遭到怀疑厄运的情形下，摆脱陷入历史困境之中人的生命体验价值理当成为必然诉求。

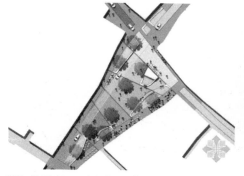

图 7　比利时 Koren 市场的开放空间（OKRA 事务所设计）

a）方塔

b）何陋轩

c）明代影壁

图8　上海松江方塔园

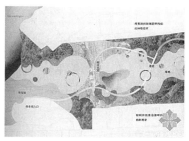

图9　美国华盛顿湖普利查德保护区的意境

　　位于上海市松江城区的方塔园，是由中国著名建筑学家、建筑师和建筑教育家、同济大学建筑城规学院冯纪忠先生规划设计的园林佳作，全园面积 11.52hm²。方塔园是以方塔为主体的文物公园，核心思想是"与古为新"。其规划设计背景是为了保护基地遗存的北宋方塔、明代影壁及清代天后宫等文物建筑，同时也是为松江城区市民增添一片休闲游憩的公园绿地。方塔园的草皮空间、水面空间和广场空间三者之间既互相联系又浑然一体，形成自由流动的空间特色（图8）。

　　在课题教学过程中教会学生通过感知实体空间的特性，以领悟语汇转变后的审美寓意和意境表述显得尤为重要。在系统分析美国华盛顿湖的普利查德海滩，在保留的 7 英亩多的土地上，其整体形状、道路布局、开放和封闭空间的转变都模仿了语言艺术的语汇工具，最终目的是与早期自然条件相连接，与超自然的语言出现之前的阶段相类似。

　　普利查德保护区是依据土地原有等高线的形状，用几何逻辑及无逻辑图形来增加语义标记，如露台、通道、竞技场。这种抬升露台纵观全景的手法，与语言本身的谈话功能相类似（图9）。这既表明了语言的更高艺术价值和理性功能；又以半自然特征来保护地段，诸如增加桤木树林（Alder Gallerv），设计"枫叶林中的教堂"；通过艺术的解说形式从自然景色中精选出别样的景致，如"仙人圈矩形阵列"（Fairy Rinq Matrix）和"魔鬼社新月型阵列"（Devils Club Crescent），形成人们对感知被动接受的叠加技巧和意蕴体验。

四、开放式协作教学策略

　　"协作"是实现"参与"的手段和途径，"协作参与"作为风景园林设计教学模式的重要部分，不仅体现在课堂教学的研讨过程中，而且还为学生提供了今后与各行各业人员沟通、交流与协调的基础。

（一）强化专业技能

　　在课堂协作参与式教学的教学活动中，教师就原理和实践两方面组织学生开展研讨活动，这是培养学生发展独立见解与思考和表现能力的有效手段。图10为哈尔滨工业大学与英国谢菲尔德大学进行为期一周的联合设计教学活动。以海伦教授带队的谢菲尔德大学风景园林系教师团队，针对毗邻马家沟河沿岸哈尔滨繁荣社区的儿童休憩娱乐游戏活动场地风景园林项目，中英学生被分成若干小组对课题进行分析讲解，并就其他组提出的疑问面对面说

图 10 HIT 与英国谢大联合设计的课堂
教学场景

图 11 HIT 与美国鲍尔州立大学进行开放设计教学研讨场景

理与辩论，最后由教师作总结性讲评和分析。这种教学方法是即时性的和随意性的，提问和作答也是临场发挥，因此极具挑战性和竞争性。这不仅使中英学生建立了有效的合作关系，增强了组织与协调能力，而且也培养了学生参与集体交流研讨和开放思维创新的能力。

（二）创建沟通情境

协作式参与教学模式体现了教师教学模式的创新。在课题实践的研讨过程中，教师的协调作用会更加注重学生的参与性和课程体系的科学性。在开放式协作教学模式的实施中，教师应提前拟定出课题来鼓励与引导学生进行多方位查找文献资料，总结出自己的观点，倡导研讨过程中和谐平等的气氛；切磋交流设计方案、设计构思的立意与生成的过程中，教师应当给学生以激励的态度，遇到有争论的问题要鼓励学生阐述自己的观点、看法和论证的过程；教师在研讨中如果能够灵活运用启发式的教学模式，正确评价和适当表扬学生，增强学生的上进心和自尊心，激发学生超水平发挥自身的潜能，这会使教学过程更加完善。图 11 是哈尔滨工业大学与美国鲍尔州立大学进行为期 10 天的开放设计教学，地点位于哈尔滨繁荣社区毗邻马家沟河沿岸区域，项目旨在为改善马家沟河沿岸的水污染状况和风景园林缺失现状进行城市建成区的风景园林更新设计，提出特定区域更新保护的策略和方法。

（三）激发职业潜能

倡导探究式自主学习方式，为学生的创新活力、奇思妙想的思维提供了展示平台；为学生赢得了充分参与学科理论学习和科研实践的机会，为学生的跨学科学习研究理论和实践、师生互动提供了训练平台；通过 ASLA、IFLA 等各种风景园林设计竞赛，促使学生的创新能力培养向多渠道、开放式、规模化方向发展。对研究探索的自主学习方式也有深刻的感受，锻炼了学生的表达能力、思辨能力和创新思维能力。通过与教师对话，低年级学生还可以领略不同专业教师的不同治学、为人之道。与此同时，这种创新教学也激发了教师对研究学科建设的热情和动力。

五、结语

更新的风景园林教育体系，追求设计创新思维和灵活应用系统的方法，采用在具体的微观层面对教学活动或教学题目进行解读认知和分析解答的策略形式；加强学生的教学体验，培养学生理性的思维分析能力，发挥其主观能动性；采用激励型的策略形式营造轻松开放性的学习模式，采取让学生主动积极的学习方法，并能够在鼓励的学习氛围中逐渐掌握自我决策的能力和独立分析解决问题的能力。

（基金项目：黑龙江省高等教育改革课题 "风景园林专业生态系列课程体系与教材建设"，项目编号：JG2014010726）

参考文献：

[1] 姜涌等编著．建造设计——材料·连接·表现：清华大学的建造实验 [M]．北京：中国建筑工业出版社，2009：51-52，71-72．

[2] 吴志强主编．2005/2006 首届 Holcim 可持续建筑大奖赛获奖作品集 [M]．北京：中国建筑工业出版社，2007：28-31，40-41，86-89．

[3] 陈哲．建筑伦理学概论 [M]．北京：中国电力出版社，2007：24，34．

[4] http://photo.zhulong.com/proj/detail19499.html

作者：冯珊，哈尔滨工业大学建筑学院 副教授，硕导；赵晓龙，哈尔滨工业大学建筑学院景观系 系主任，教授，博导；韩衍军，哈尔滨工业大学建筑学院 副教授，建筑系副主任

基于卓越工程师培养计划的景观快速设计教学改革研究

王未　曲广滨

专栏 风景园林学专业教学研究与改革——以哈尔滨工业大学为例

Teaching Research and Reform of Landscape in HIT

Research on Short-time Landscape
Design Teaching Reform Based on
Excellent Engineer Training Program

■摘要：本文论述了景观快速设计教学改革的背景，提出以培养卓越工程师计划为目标，以教学定位、教学结构、教学方法、教材建设等作为教学改革的关键点，并从完善教学结构、深化教学设计、拓展教学方法、评估教学成果、推进网络建设几个方面论述了景观快速设计教学改革的具体内容。

■关键词：卓越工程师培养计划　景观快速设计　教学改革

Abstract：This paper discusses the teaching reform background of short—time landscape design，then sets the aim of Excellent Engineer Training Program，and mentions the key reform points like teaching set，teaching structure，teaching method and teaching material．Furthermore，we discuss the overall framework of short—time landscape design teaching reform in the aspects like perfect teaching design，evaluate the effort，and put forward on line teaching．

Key words：Excellent Engineer Training Program；Short—time Landscape Design；Teaching Reform．

1　景观快速设计教学改革背景

　　社会和时代的发展给予了风景园林专业发展的契机，对于从业人员的需求也由追求数量走向专业度的提升，"卓越工程师培养计划"即是应对更高标准的人才培养目标而提出的。在这一培养目标下，需要尤其注重符合时代和专业发展需求的技能和素质的教育。首先，快速设计是设计师必备技能和专业素质之一，是高速发展的城市建设和高效率的设计市场对景观设计师提出的必然需求；其次，快速设计已经成为研究生入学考试、设计单位应聘考试等人才选拔机制的重要手段；再次，随着国家注册景观设计师考核标准的出台，快速设计必将成为职业规范化标准的重要组成部分。

　　在培养"卓越工程师"的教学目标下，作为从业必备技能的景观快速设计迫切需要进行教学建设和教学改革。哈尔滨工业大学建筑学院风景园林专业在新一轮的本科教学体系建设和教学计划改革中，将快速设计调整为专业必修课进行建设和改革。这对应了景观设计师职业规范化标准对人才的考核要求，也符合提升人才专业技能和素质的培养目标。

2 景观快速设计教学改革关键点

在以技能提升为导向的教学目标下，教学改革将围绕以下关键问题展开。

（1）教学定位：之前的快速设计课程定位比较模糊，一直以设计课程的辅助环节出现，甚至没有完善的教学设计、教学大纲及教学任务书。在本轮教学改革研究中，将景观快速设计提升为满足技能和应试双重需要的专业必修系列课程进行建设，成为既相对独立，又与专业基础课、设计课、理论课有效嫁接的专项素质训练课程。

（2）教学结构：由于之前缺少教学计划的指导，导致了快速设计教学结构的不科学。通过建设完整的教学结构，使学生明确景观快速设计的意义，由易到难地接触设计类型。并通过一系列的强化训练，掌握快速设计方法，训练快速表现技法，从容面对企业应聘、研究生入学考试和注册景观设计师考核。

（3）教学方法：转变教育思路，从单纯的应试能力培养转向专业素质培训，以提升学生的专业基本功为目标，重视设计思维、设计表达技法和设计沟通能力的培养。通过教学改革，推进和尝试先进的教学方法和手段，以实践式教学方法为基础，引入体验式、主题式、互动式、介入式等教育模式，并对课程进行网络化建设。

（4）教材建设：经过调研发现，尽管目前的出版市场不乏一定数量的相关专业快速设计的参考书，也有诸多培训机构针对研究生入学考试所编著的指导手册。但从专业素质教育方面，适用于重点高校的景观快速设计教学的优秀教材有限，急需根据风景园林专业的办学目标和教学特色编写教材，并建立完备的教学设计、教学大纲等教学文件。通过教材建设工作，促进完善教学成果，并建立科学的评价体系。

3 景观快速设计教学改革内容

3.1 完善教学结构

在教学改革中，我们正努力推进景观快速设计培训及专题设计系列课程的建设，建设一个完整而连贯的教学结构，与之前、平行、之后的课程产生合理搭接。全过程的景观快速设计系列课程，由贯穿大学二年级至四年级的2次培训课程和6次快速设计课程组成。

在大学二年级通过快速设计1、2进行初级教学，学生在自我摸索中结合教师的辅导，对于快速设计建立感性的认识；至二年级后的"景观快速设计培训－1"，强调通过特训环节提升学生的设计能力，使学生掌握快速设计的基本方法，了解快速设计的考核标准，突出"时间"、"技能"、"心理"三方面的训练，并通过两次专题设计检验培训课的学习成果；大学三、四年级，循序渐进地安排快速设计3～6，不断地推进学生在技能方面的进阶，并鼓励学生注重设计思维的提升；至四年级之后，通过"快速设计培训－2"总结之前的快速设计成果，有针对性地进行应试及应聘指导，鼓励学生通过学习总结获得再次提升（图1）。对于6次快速设计的命题拟定，需要作为并行专业设计课程的延续和拓展，让学生接触到更全面的设计类型，并紧跟时代发展，不断进行补充和更新。

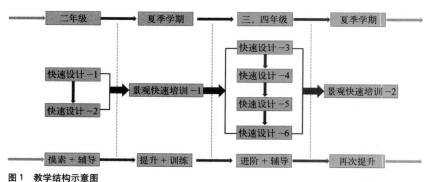

图1 教学结构示意图

3.2 深化教学设计

我们在新的课程建设思路和教学目标的基础上，提出了与景观设计师职业规范化标准和国际化标准接轨的专业素质教育的意义，即注重快速发现、应对和解决问题的能力；快速敏捷并注重创新的设计思维；快速准确的设计表达（图示、语言等）等三方面素质的培养。基于素质教育的目的和意义，我们着力进行教学设计方面的深化。例如，对于作为教学核心环节的"快速设计培训－1"，便以 5 个教学环节展开，包括基础知识讲解、典型案例分析、手绘强化训练、景观快速设计、设计作业点评。在基础知识讲解中，细分为快速设计关键点、快速设计的表达、案例分析及表达、植物设计及表达、景观构造及材料、设计过程与全局观等讲授专题，并在专题中安排大量实践训练的内容。同时，在有限的学时内，建立"基础培训—实践培训—互动评价"的完整教学链条，使学生通过高强度的培训，为后续的快速设计打下坚实的基础。在培训之后的 4 次快速设计中，仍然需要坚持"实践培训—互动评价"方式来继续深化教学设计的总体目标。

3.3 拓展教学方法

教学改革研究在延续原有实践式教学方法的基础上，提出一系列的教学方法的革新。基于景观设计师职业标准，在快速设计教学中继续探讨和促进实践式教学的深化发展。

（1）体验式教学：快速设计实践的实操性，使"体验"在教学中显得格外重要。在案例分析环节中，安排学生对典型性景观设计作品进行快速分析，在短时间内形成图纸文件。鼓励学生自主选择、自由表达，形成对设计案例的快速体验过程，再由教师进行辅导，完善对设计作品的深化体验；在专题设计环节中，鼓励学生在限定的 6～8 小时里，体验快速设计时间要求的特殊性，合理安排各个设计阶段的时间。此外，我们也在尝试在相对抽象的知识点讲授中强化具体的体验，例如在快速设计培训的"心理"训练环节，安排学生在 3min 内在一张 A4 白纸上，快速画出一张景观立面场景，需要包括一片景墙、一株乔木、若干灌木、一组人物等多种要素。在压缩到极致的时间内，让学生体验快速设计的时间节奏，检验设计表达的熟练程度，检验表达过程的心理能量。

（2）主题式教学：如同我们辅导学生在设计中快速提炼、确立主要问题以形成设计主题一样，在培训中也需要尝试设定教学主题以明确教学要点。比如在对于快速设计中的"战术"方面，我们设计并提出"摹炼"这一主题式教学环节，鼓励学生在此过程中，深入体会"摹仿＋分析＋提升→超越"的训练阶段，通过手绘临摹或翻绘大量优秀的快速表现作品和景观设计作品；对设计的各个组成部分进行大量的专项训练；选择优秀景观设计案例进行快速抄绘，储备创作思想和设计手法；通过快速设计模拟实战，检验学习的成果。

（3）互动式教学：互动式教学的目的是提高学生的语言表达和沟通能力，在作业点评专题中安排学生对作业展开自我评价和相互评价，启发学生了解沟通和表达是设计全过程的重要环节，在互动中检验自己的设计成果，产生积极的竞争意识。

（4）介入式教学：邀请知名设计企业的景观设计师介入到适当的教学环节中（如设计辅导、作业点评、基础培训等环节），分享一线设计师的设计经验，扩大学生的专业知识面，使学生更具体地了解快速设计对于景观设计师工作的意义。另外，在学院的支持下，创造机会组织校际间或校企联合快速设计竞赛，组建企业及教师团队联合介入设计指导及评价。通过联合设计竞赛，学生检验学习成果，教师之间分享教学经验。

3.4 评估教学成果

我们尝试改变现有以设计图纸为教学成果的单一模式，制作利于作业成果沿袭、全面系统阅读和学习交流的文本图册和电子阅读版。每轮课程结束后以班级为单位制作作业图册，具体内容包括：课程任务书、学生作业、学生自评语、学生互评语、任课教师评语以及部分课堂采风图片，为编写教学成果图集和高品质教材准备基础资料。

此外，在快速设计的各个环节中制定科学的定量评价指标，定性的分析数据，对各教学环节进行科学的记录、观察，详细地记录数据和调查反馈。教师除了完成教学任务之外，还将完成教学改革效果各项数据的整理工作，为进一步修正和完善提供依据。我们在 2012 级课程教学实践中，跟踪并整理了每名学生在 4 次快速设计中的作业，观察和记录学生的设计时间安排和设计过程，并在课程结束后对作业进行分析和总结。如图 2 所示，可以看出某名学生的 4 次快速设计发生的渐进式变化，在逐渐掌握快速设计方法的同时，通过图纸呈现出越来越多对于创作本身的思考，微妙变化过程也让我们对教学工作充满信心。这一评估过

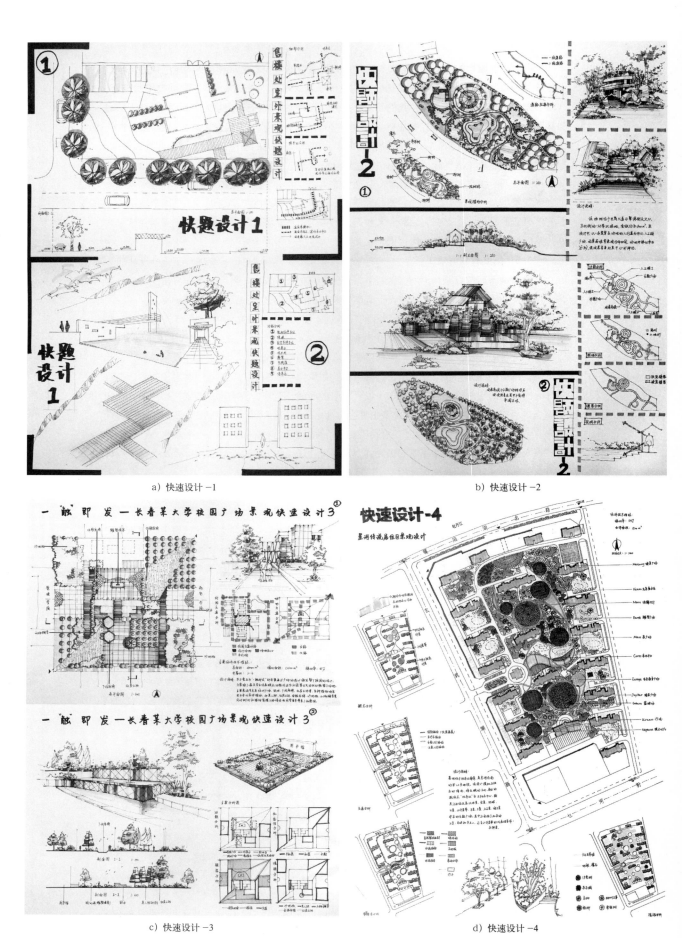

a) 快速设计 –1

b) 快速设计 –2

c) 快速设计 –3

d) 快速设计 –4

图 2　教学成果评估

程将持续下去，并为评价快速设计系列课程的整体教学效果提供重要依据。

3.5 推进网络建设

在注重实体课堂教学方法改革的同时，需要充分运用目前的网络教学平台，推进课程的网络化建设。网络课件控制灵活、方便，集视频、音频、文字、图形为一体，可以为学生提供直观而生动的学习体验，自媒体与手媒体等也为提高教学效率、改善教学效果开辟了新的途径。具体包括：创建培训慕课（MOOC），讲解快速设计的基础知识，演示快速设计的过程；将教学大纲、教学设计、教案、任务书和教学成果等内容上传互联网，形成完整的课程网络支撑系统，实现优质教学资源的共享；建设核心教学环节的CAI课件，推进网上教学实时沟通与答疑等现代教学手段，努力构建师生共同学习、共同研讨和交流互动的平台。

4 结语

目前我们正在2011、2012和2013级风景园林专业中开展快速设计教学工作，通过具体的教学实践，检验教学改革的每个环节，并已初见成效。相信通过教学定位、教学结构、教学方法、教材建设等教学关键点的改革，会使景观快速设计系列课程成为风景园林专业教学框架的重要支撑部分。

教学改革研究的预期成果主要体现在：首先，明确地在卓越工程师培养计划的背景下，提出快速设计教学研究的双重意义，即满足技能培养为主、应试教育为辅的双重需求，使研究具有广泛的应用前景和价值；其次，针对研究的关键问题，提出一系列具体的教学改革方案，包括完善教学结构、深化教学设计、拓展教学方法、评估教学成果、推进网络建设等具体内容。期待着这一教学改革过程能让我们的学生真正受益，为未来的职业生涯打下扎实的基础；也期待我们在景观快速设计教学改革方面的工作能为国内教学同行提供有价值的参考。

（基金项目：黑龙江省高等教育科学研究课题，项目编号：14Q004；黑龙江省高等教育改革项目，项目编号：JG2014010726）

作者：王未，哈尔滨工业大学建筑学院景观系　讲师；曲广滨，哈尔滨工业大学建筑学院景观系　副系主任，副教授

建筑设计研究与教学

Architectural Design Research and Teaching

形态、流量与空间盈利能力

——数据化设计初探

盛强　卞洪滨

Form, Flow and Spatial Profitability: An Exploration Towards Data-based Design

■摘要：本文介绍了天津大学四年级建筑学本科的一次应用空间句法分析方法，从调研分析到方案设计的一次设计课教学实践。学生对天津滨江道商业区和两个商业建筑进行了实地流量调研和案例分析，并尝试基于大众点评网评价信息进行该地区的商业使用情况量化评价。此外，通过对空间句法软件 Depthmap 的教学结合多元一次线性回归的分析方法，学生得以应用理性量化的方式来分析这个地区的商业潜力，并对不同类型业态在空间上分布的客观规律展开研究。在实地调研观察的基础上总结步行人流量与当地街道空间拓扑形态参数的回归方程，并将该方程应用于购物中心设计过程的形体切分和流线设计中，以量化模型为基础推进设计，强化训练了学生对商业空间形态、消费者行为、网络大数据和量化分析模型的逻辑思维过程。

■关键词：空间句法　流量　商业建筑　空间盈利能力　网络大数据　研究型设计

Abstract：This paper presents a design studio using Space Syntax theory and method to integrate research and design process. Through group works in different stages, students surveyed flow intensity in 106 street segments and two shopping malls in Beijindao area in Tianjin. Using depthmap and excel, a spatial DNA of the flow and space in this area is extracted based on the multiple factor regression analysis. Furthermore, based on the big data from web, this studio also attempts to explore to use these data in the design of shopping mall.

Key words：Space Syntax；Flow Intensity，Commercial Building，Spatial Profit，Big Data，Research Oriented Design

一、本课程的教学与科研意义

在设计课教学中尝试引入研究的部分是对建筑设计中理性思维很好的训练方式，除了研究课题自身的难度和挑战性，常见的问题集中在如何将研究与设计有机结合。本文记录的是天津大学建筑学院实验班于2014年初在本科四年级进行的一次尝试。该课程的设计题目为购物中心，需要学生进行实地人流量的调研、购物者行为观察和网络评论数据的分析。另外，通过对空间句法理论及模型的教学，学生须将调研数据空间化，并量化总结出人流量和商业业态功能分布与空间形态参数的相关性。进而应用回归方程建立的形式与流量的关系，进行空间形态设计，实现研究与设计的无缝连接。

作为研究型设计，本课程的意义体现在教学和科研两个层面。首先，其教学意义可归结为以下几点：

第一，本课程从题目要求设定上便排除了形式美学评价的内容。建筑师对该类建筑外观的控制力非常小，绝大部分室内外表面都会被广告占据。相反，体验空间、流线设计和业态配置则是购物中心设计的重点，而以上内容则"强迫"学生不得不直面空间的问题，并从实地调研中发现规律。

第二，本课程尝试了在本科层面推动了"研究－模型－设计"的设计过程。

另外，该课程同时具有一定的科研意义：其一，对流量的空间分析结合应用了空间句法新算法标准化穿行度（Normalized Angular Choice）[1]与传统整合度，为近期国内外相关研究方向提供了又一个实证[2]。其二，大众点评等网络信息平台为传统的空间研究和设计课教学提供了新的数据源，本课程探索网络大数据被用于商业建筑"数据化设计"的教学方法。

二、教学内容及安排

本课程设计的基地位于天津市滨江道与和平路交口的西北角。和平路与滨江道在历史上即是天津人气最旺的商业区，当代是天津最具代表性的步行商街，汇集了百货大楼、劝业场、麦购和乐宾百货等众多大型商业建筑。

为了突出研究在设计中的作用，本课程在时间和工作安排上采用了10周的周期，共可分为三个部分：

（1）调研分析部分。调研及数据分析为1～3周，以五人小组为单位完成，计划按研究方向和调研方式采用动态分组的方式。第一阶段为期两天，具体工作为实际的步行路网细化并分配人流观测点，每人7～10个，共计106个观测点，实地测量观测点双向两分钟步行者、自行车和机动车流量。第二阶段为期三天（包括周末则为五天），所有15名学生按兴趣划分为以下三个方向，每组五人，其具体工作目标如下：

空间分析技术组：任务为学习空间句法软件Depthmap，并应用Depthmap完成街区尺度范围的流量分析。同时，该组也将学习应用excel进行多

元一次线性回归的简单分析方法。

真实空间使用分析组：任务为实地观测基地周边，滨江道商圈案例建筑内各类商铺的使用情况与空间形态的关系。强调从直观现象、感知和体验入手理解商业空间盈利的方式和空间规律，并为空间技术组的分析提供数据。

虚拟空间使用分析组：任务为应用网络评价平台（大众点评网）的数据量化分析滨江道商圈的商业使用状况。该组的工作特点是"远程数据分析"，充分利用当代网络数据平台开放的用户评价系统进行基地周边和案例建筑的业态构成和使用状况调研，将数据空间化、可视化后与真实使用分析组学生发现的现象进行对比研究，并同样为空间技术组的分析提供数据资料。

（2）方案设计部分。第4～6周，从原有三个组中每组抽取一人混编为5个三人小组，开始初步设计，确定方案的体块划分和主要内部流线，提出初步的任务清单（业态构成），以上成果需有相关的空间分析支持。第6周进行初步方案汇报。

（3）方案优化部分。第7～9周为方案修改、深化和优化阶段，需根据初步方案汇报暴露的问题进行修改深化设计方案。另外，需用Depthmap建立立体线段模型进行各商业业态（零售、餐饮、主力店）空间落位检验，并用人流模拟工具发现内部空间设计的问题点，修改优化后进行重复验证。这个修改优化的过程也必须体现在最终汇报中。

三、研究过程及成果展示

本课程的前期研究部分虽只有3周，但却是整个题目成败的关键和最具特色的部分。

首先，全体学生前期对慢速调研交通流量的分析是最基础、最重要的成果（图1）。其结果显示：滨江道地1.5km半径的穿行度与整合度分析组合与实测流量的相关度最高可达0.64，在后面的建筑形体及底层流线设计中，该回归方程成为各组预测其初步设计方案对人流量影响的直接工具，被各组用于评价和修改建筑的体块和流线设计等初步方案。

另外，作为学习Depthmap过程中的任务，空间技术组的学生也基于线段地图分析了滨江道地区历史发展。其重点是明确了天津各级商业中心的变迁与道路空间拓扑连接之间的联系。

真实空间使用分析组学生所选择案例为滨江道地区中低档的麦购购物中心和较为高档的伊势丹购物中心，详细记录了一天中4个时间点各层商铺的业态类型和各店铺内的顾客数（图2）。学生从该调研和数据可视化过程中发现了建筑内部各层商铺的使用情况与该空间连接和业态类型之间的关系。

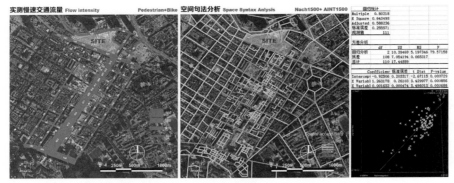

图 1 滨江道地区慢速交通流量（步行 + 自行车）与街道空间拓扑形态分析

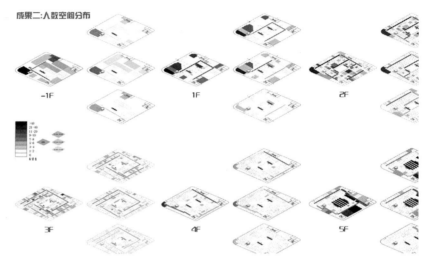

图 2 麦购购物中心内各层各商铺实测即时顾客量汇总

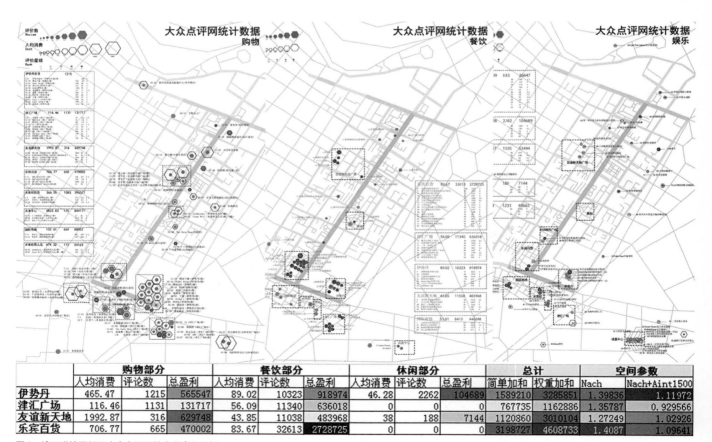

	购物部分			餐饮部分			休闲部分			总计		空间参数	
	人均消费	评论数	总盈利	人均消费	评论数	总盈利	人均消费	评论数	总盈利	简单加和	权重加和	Nach	Nach+Aint1500
伊势丹	465.47	1215	565547	89.02	10323	918974	46.28	2262	104689	1589210	3285851	1.39836	1.11972
津汇广场	116.46	1131	131717	56.09	11340	636018	0	0	0	767735	1162886	1.35787	0.929566
友谊新天地	1992.87	316	629748	43.85	11038	483968	38	188	7144	1120860	3010104	1.27249	1.02926
乐宾百货	706.77	665	470002	83.67	32613	2728725	0	0	0	3198727	4608733	1.4087	1.09641

图 3 滨江道地区基于大众点评网的商业空间分析

虚拟空间使用分析组抓取的数据主要包括大众点评提供的分类中餐饮、购物和休闲三个类别。本次课程针对滨江道地区每个类别评论数排名头 60 名的商铺进行研究，记录其评论数、人均消费和评价星级，并将该数据落位到地图上。同时，该组学生也参与实地观测了在该地区比较高档的伊势丹购物中心内部，分业态记录一天中该类型商铺的顾客量，并与网上的评论数进行对比（图 3）。

从成果来看，该研究在城市街区尺度上证实大众点评网的数据从人均消费和评论数的乘数可以在一定程度上反映各个购物中心的盈利能力，且该盈利能力与空间句法计算的空间参数相关。然而，在建筑内尺度，本部分研究则发现评论数与真实顾客量有较大的差异，直接应用于空间分析尚有待更多的实证研究支持。

究其原因，主要是两个现实的因素：首先，大众型的快餐（如麦当劳）在全时段顾客量普遍较高，但由于其产品过于标准化，很少有人去评论；其次，很多小型的餐饮由于完全没有品牌认知度，如果没有非常有特色的菜品，也鲜有人评论。未来的调研可在此方向上积累更多的数据，寻找网上评论数与真实到访数及该餐馆品牌效应（如在每个城市中该品牌店的分布密度）三者的量化关系，则大众点评这一网络公开的大数据或可更好地应用于建筑尺度的空间分析。

四、设计阶段对研究成果的应用

设计阶段的三人组由研究阶段三个方向每组抽取一人编组构成，这保证在每各设计组中的团队成员有不同的视角。从设计结果来看，方案一比较深入地贯彻了研究时的路线和方法。该方案从对天津市现有比较有代表性的 6 个大型购物中心开始，基于网络数据分析评价了各自购物、餐饮和娱乐业的面积配比和盈利能力，并通过分析它们所在地周边的空间参数（图 4），建立了这些业态配比、盈利能力与空间参数的回归方程，以此为依据提出了任务清单。

此外，根据自定任务书的要求，该方案尝试了各种划分地块的方式；并用城市研究获得的流量与空间回归方程对各个备选方案进行了评测，优化整合后提出了适合于该地的理想底层路网划分方案（图 5）。

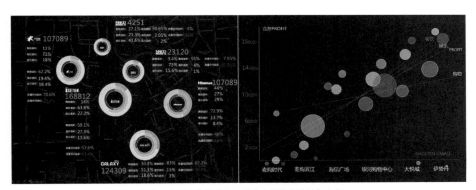

图 4　方案一对天津 6 个大型购物中心案例业态构成和盈利能力的数据统计与分析

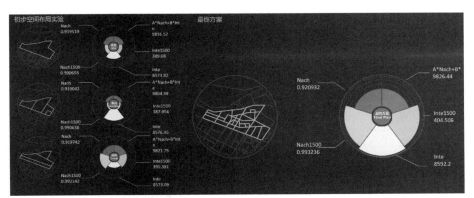

图 5　方案一对建筑地面层路网结构（体块划分）的多方案比较和优选

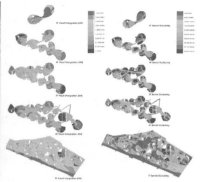

图6　方案二对建筑内各层平面的视域分析和优化

另一个比较有代表性的方案则从概念和形式开始（图6），通过观察男女在逛街时的行为差别，提出复合式的流线构成。空间句法的分析工具主要在方案优化的过程中应用，基于视域分析和人流模拟分配该建筑内部的零售和餐饮休闲业态。

五、讨论：从参数化设计到数据化设计

本次设计课教学的意义在于尝试将设计与研究过程结合，并通过工具和方法来确保研究成果与设计过程不脱节。从基础研究出发，帮助学生建立空间模型与空间盈利能力之间的初步量化关系，从方法上探索了本科生阶段的研究型设计教学。另外，从目前的市场需求来看，随着地产业的降温，越来越多的商业地产追求长期的投资回报，自持物业的比例逐渐增加。本课程设计训练有很强的现实意义，使得学生在接受传统形态设计的同时，接触了业态策划和经济类的内容。

最后，但可能也是更重要的，本次教学实践试图将参数化的设计方法从纯粹的形式探索拓展到基于实证研究的、对形式的客观量化评价，并尝试应用获取门槛较低的网络数据评论数据探索数据化的建筑设计方法。

（基金项目：国家自然科学基金资助项目，项目编号：51208343；高等学校学科创新引智计划资助项目，项目编号：B13011）

注释：

[1] Hillier, B., Yang, T., Turner, A. Advancing DepthMap to advance our understanding of cities：comparing streets and cities, and streets to cities[C]. Eighth International Space Syntax Symposium. 2012. Santiago de Chile：PUC.

[2] 盛强，杨滔，刘宁. 目的性与选择性消费的空间诉求——对王府井地区及三个案例建筑的空间句法分析 [J]. 建筑学报，2014，(6)：98-103.

作者：盛强，北京交通大学建筑与艺术学院　副教授；卞洪滨，天津大学建筑学院　副教授

"场地设计"的教学体系
与整体性教学法研究

张赫　卜雪旸　高畅

Research on Teaching System and
Integrated Teaching Method of Site Design

■摘要：针对场地设计类课程教学中重点难以突出、设计与理论相脱节、核心思维观念缺乏的现实问题，总结此类课程核心式、入门式、职业式"三位一体"的教学特点，进而明确场地设计类课程的教学重点、知识体系和教学方法的变革，以求从教学目标、层次关系、教学安排等方面探讨"场地设计"课程的整体性教学法及其改革思路。

■关键词："场地设计"教学体系　整体性教学法　教学安排

Abstract：In response to the following practical problems that in teaching of site design, such as difficult to highlight the key point, ill-matched of design and theory, lack of core concept, the teaching characteristics of emphasis, elementary, and profession of such curriculums is concluded, as well as the reforms of key teaching points, knowledge system, and teaching method, in order to realize the integrated teaching method and reform ideas of the site design curriculum from the aspects of teaching objectives, hierarchy relations, and teaching arrangement.

Key words：Site Design；Teaching System；Integrated Teaching Method；Teaching Arrangement

1 引言

"场地设计"作为建筑设计方法课程的重要组成部分，一直是建筑学相关专业教学的重点和难点。其课程重点本应是讲授"场地和建筑设计之间的关系，使学生理解场地是一切建筑活动的起点和终点，认识到建筑是在从场地到场所的转化过程中产生"[1]。然而，现实教学中，却由于教学安排、课程重点、关系梳理等方面的种种问题，常常使得"场地设计"偏离了教学初衷，表现出学生只重视基本规范和技术要求的学习，而忽略了场地设计观念建立的突出问题。因此，文本将从场地设计类课程的教学特点、难点及现实问题出发，探讨场地设计类课程的教学重点、知识体系和方法，从而建立"场地设计"课程的整体性教学法改革思路。

2 "场地设计"教学的特点与现实问题

2.1 场地设计类课程的教学特色

经典意义上的场地设计类课程应至少包含"场地布局"、"竖向设计"、"道路设计"、"景观绿化种植设计"等多个方面的内容，涉及面宽泛，相关知识众多，几乎可以认为在建筑设计阶段除单体以外的设计内容都涵盖在内。因此，场地设计的教学也一直存在着丰富性、体系性的要求，体现着专业核心课程的特点。

此外，根据《高等学校建筑学本科指导性专业规范（2013年版）》[2]对"场地设计"的课程设置要求，应最少开设16学时（1学分）理论学时。而且，这一部分的理论课时作为建筑单体及组群外部空间设计的基础知识和技法准备，通常应开设于建筑学相关专业的低年级。因此，使"场地设计"课程又具备了基础性、原理性的要求，体现着入门式课程的特点。

更重要的是，由于注册建筑师考试的科目设置，作为两门职业资格考试科目的对应课程，其在培养目标和教学方向上，不免受到职业式课程教育的影响。对此，焦绪国（2010）[3]、吴晶星（2013）[4]、柳红明（2013）[5]和张系晨（2013）[6]等都有过相关论述，从而形成了"场地设计"教学职业化的又一特点。

2.2 场地设计类课程教学中的现实问题

正是由于场地设计类课程核心式、入门式、职业式"三位一体"的课程教学特色和需要，与学时短、低年级教学对象为主的现实教学矛盾，产生了场地设计类课程教学中的几大问题：

①教学重点不突出

为了照顾到知识的全面性、体系性，将"景观绿化设计"、"道路设计"、"竖向设计"等等完全可以称为独立课程的知识都包罗万象地容纳在有限的课时内，常常使场地设计的教学点到即止、枯燥庞杂，也使得课程失去了重点，让学生难以把握学习的方向和关键知识。

②理论教学与设计教学严重脱节

场地设计理论课在低年级教学过程中通常侧重于场地的基本知识、相关规范和技术要求的讲授，在极其有限的学时内，仅有的工程案例，对于刚刚进入专业学习的本科生往往难以消化。而设计类课程仅以建筑的功能和面积作为教学环节划分的依据，也使学生的理论学习与设计学习教学安排无法契合。最终导致此类课程中理论课程与设计课程的严重脱节。

③场地设计核心思维缺失[7]

笔者认为，在本科基础教育阶段过分强调职业教育特征的引入并不是完善的教学思路。在现有教学体系下，场地设计类课程中体现的对于职业资格考试所涉及的规范、制图要求、评分标准等的过分强调，并不能帮助学生树立正确的场地观念和设计思维方式，也无益于外部空间组织能力的提升。因此，对于职业式教育的过分强调反而难以使学生建立场地设计的思维观念。

3 基于整体性思维塑造需要的"场地设计"教学变革思路

3.1 场地设计类课程教学的核心目标

针对上述场地设计类课程教学的现实问题，适应其课程特点，应首先明确"场地设计"的教学核心目标，即希望通过这一课程的学习，让学生解决什么问题或掌握什么能力。

笔者认为，这一核心目标应是"一个观念和三种能力"的培养。其中"一个观念"即整体性思维观念，通过"场地设计"的学习，使学生能够理解建筑与场地、建筑与环境的关系，养成从全局角度思考设计过程的习惯。而"三种能力"则是建立学生的场地调查分析能力、场地空间思维能力和应用技术规范完成设计要求的能力，即实地调研、理性分析、规范设计的综合应用能力。

围绕这一教学核心目标可知，对于学生场地、环境与建筑的整体观念和整体设计能力的培养与塑造，才应是场地设计类课程教学的重点和关键环节，也是解决上述教学现实问题的唯一途径。

3.2 场地设计类课程教学中应处理好的几层关系

当然，场地设计类课程教学核心目标的实现还必须处理好下列几层关系：

①理论课程与设计课程的关系

理论课程与设计课程是基础知识与技能应用的关系。因此，必须尽量保持二者的同步，并使理论教学略领先于设计教学，以保证基础知识储备的需要。此外，还应在理论课程案例的选择上，考虑设计课程选题的参照和借鉴意义。

②课堂教学与实地教学的关系

课堂教学与实地教学是知识的领悟与感受的关系。必要的实地调研是学生掌握场地调查分析能力的基础和形象感知场地空间关系的前提。因此，协调好课堂教学与实地教学的关系，有效安排相应学时，也是场地设计教学的重要方面。

③与其他专业课程的关系

作为建筑类相关专业人才培养的需要，应在统一制定的专业培养方案和教学大纲的基础上，合理安排不同专业课程的学时和内容侧重，明确场地设计类课程的教学内容，简化与其他课程相关的知识，从而建立有效衔接、体系健全的专业教学体系。

3.3 场地设计类课程教学的变革思路

立足于"一个观念和三种能力"培养的场地

设计类课程教学核心目标，为了协调好上述三层关系，在场地设计类课程的教学方法变革上，也应建立整体性思维，以整体性教学法实现"场地设计"的教学内容、教学安排和教学方案的改进。

4 "场地设计"的教学体系与整体性教学法

4.1 "场地设计"的核心教学内容与知识体系

基于整体性教学法，应首先明确"场地设计"课程的知识体系和教学侧重。根据《高等学校建筑学本科指导性专业规范（2013年版）》中对于"环境与场地"部分的知识点要求，场地设计类课程应使学生熟悉和掌握的知识点包括环境影响的要素、场地设计的要素、场地的类型与概念等。结合通行的场地设计教材，笔者梳理的知识结构框架和教学要求如表1所示。

也就是说，整体性教学法的关键是使学生掌握"要素"、"关系"和"使用"三个层面的知识内容和能力。即：首先，在全面了解场地和环境中的各类要素的基础上，能够实现对各类要素的合理组合，完成场地分区、布局的能力；其次，在理解建筑物与场地乃至周边关系的基础上，能够合理设计场地内的动线，进而确定场地的各类流线的能力；最后，在深刻体会场地的使用要求的基础上，能够从场地的使用者和参与者的角度出发，合理确定场地内的功能主题和业态、活动，划分场地动静关系的能力。从而搭建如图1所示的重点知识体系。

4.2 "场地设计"的教学安排与学时分配

建筑学学习的过程是"欣赏—模仿—实践"的认知过程，因此，建筑类课程的教学安排也应尊重这一学习规律，充分考虑理论学习、案例设计学习和实践学习三者的关系。在整体性教学法中应注重体现三者的学时分配与教学安排的协调。传统的建筑设计类课程通常以类型和面积大小组织建筑设计教学的进程，没有专门的场地设计环节，更不能适应场地设计类课程理论与设计、课堂与实践相结合的需要。因此，笔者建议，在设计类课程中穿插4～6周的专题设计，其中与"场地设计"理论课相同年级学期的专题设计可以安排为场地专题设计，从而实现场地设计类课程的

"场地设计"课程知识体系与教学要求一览表　　表1

课程划分	知识单元	知识点	教学要求
场地设计的基础	感知与概念		一般掌握
	场地设计的内涵		重点掌握
	场地设计的核心内容		重点掌握
	场地设计的目标		一般掌握
	与其他设计的关系		了解
	场地的类型		一般掌握
	场地的构成要素		重点掌握
场地设计的限制条件与分析方法	场地设计的一般程序		一般掌握
	场地限制条件	自然条件	重点掌握
		建设条件	
		公共限制条件	
	场地分析与专题研究		了解
场地设计的过程与构思	场地设计的阶段划分		了解
	布局阶段的场地设计	场地分区	重点掌握
		实地布局	重点掌握
		交通安排	重点掌握
		绿地配置	一般掌握
	详细设计阶段的场地设计	道路布置	一般掌握
		停车布置	重点掌握
		竖向布置	重点掌握
		管线布置	一般掌握
		景园布置	一般掌握
	场地设计与场所精神		重点掌握
场地设计的技术要求	基础性技术要求	等高线	一般掌握
		地形图	一般掌握
		汇水面积	一般掌握
		气候与间距	重点掌握
		各类控制线	一般掌握
	竖向设计	坡度与场地排水	重点掌握
		台地与护坡工程	一般掌握
		土方平衡	重点掌握
		调整等高线	重点掌握
	道路设计	道路纵坡、横坡	一般掌握
		道路系统与间距	一般掌握
		出入口与停车场	重点掌握
	管线综合		了解
场地景观环境设计	场地条件的利用		了解
	场地空间的利用与组织	空间限定	一般掌握
		空间氛围	一般掌握
		空间秩序	一般掌握
	街具小品		一般掌握
	绿化布置		一般掌握

资料来源：笔者整理绘制

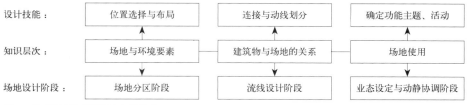

图1 "场地设计"课程重点知识体系
（图片来源：笔者绘制）

体系化、模块化与有效衔接。以理论课程 16 学时，设计课程 4 周，场地实地调研考察 8 学时为例，可以按照表 2 所示安排教学进程。

场地设计类课程教学进程示意　　　　　　　　　　　　表 2

教学周	1	2	3	4	5	6	7	8	9	10	11	12	13	14	15	16	总学时
理论课程	■	■	■	■		■	■	■	■								16 学时
专题设计											■	■	■	■			4 周
场地调研					■					■					■	■	8 学时

资料来源：笔者绘制

4.3 "场地设计"的整体性教学法

在教学方法上，更应体现整体性思维，结合理论教学与设计教学之所长，实现不同教学方法的有效穿插应用。重在做好下列几点：

①在理论课教学中注重基础知识的讲授与案例剖析的结合

即对于日照、坡度、竖向等基础技术性、规范性较强的知识点，除了注重基本计算方法的讲习，还应重视对实际案例、经典设计等的剖析，并结合场地调研和设计类课程的题目穿插练习与讲解。从而"在建筑设计课程中反映出的场地问题及时的在理论教学中探讨学习，反过来又促进建筑设计课程教学的深入进行"[8]，提升学生对枯燥知识的兴趣和掌握程度。

②在设计课教学中注重课堂方案教学与课外现场教学的结合

即对于场地分区、动线设计、功能使用等设计类核心技法的训练应注重理想方案设计与场地实践调研的结合，从而加强学生对场地和环境的感受，建立整体性的思维习惯。

③注意场地设计内的外延知识与其他专业课程的衔接

即对于交通、市政、绿化、景观设计等外延知识，注重适度穿插讲解的同时，重在与其他专业课程的衔接，做到专业教学的循序渐进。

5 结语

"以场地作为建筑设计学习的切入点，帮助学生掌握分析场地的方法，寻求建筑与场地对话的途径，建立场地和建筑有机相融的设计观"[1]是所有场地设计类课程的最终要求。本文提出的整体性教学法，即是希望通过知识体系、教学体系、方法体系的梳理，明确场地设计类课程的教学重点、合理安排及关系协同，为建筑学相关专业该门课程的教学改革和相关课程体系的建立奠定基础。

注释：

[1] 徐岚，蔡忠原，段德罡. 建筑设计与场地支持——建筑设计方法教学环节 1[J]. 建筑与文化，2009，(5)：67–69.
[2] 全国高等学校建筑学学科专业指导委员会. 高等学校建筑学本科指导性专业规范 (2013 年版)[S]. 北京：中国建筑工业出版社，2014.
[3] 焦绪国，孟光伟，李梅等."场地设计"课程教学与建筑师注册认证接轨的研究与实践 [J]. 长春工程学院学报 (社会科学版)，2010，11 (2)：115–117.
[4] 吴晶星. 基于注册建筑师考试的"场地设计"教学实践探究 [J]. 常州工学院学报，2013，26 (6)：93–96.
[5] 柳红明. 论执业资格制度下的建筑学专业教学研究与改革 [J]. 吉林建筑工程学院学报，2013，30 (5)：87–90.
[6] 张系晨. 建筑师执业注册制度下艺术类院校建筑学专业变革 [J]. 高等建筑教育，2013，22 (3)：27–32.
[7] 陈跃中. 场地规划设计：缺失的环节——对当前规划设计中存在问题的一些思考 [J]. 建筑学报，2007，(3)：18–19.
[8] 杨希文."场地设计"课程教学实践的探索 [J]. 长沙铁道学院学报 (社会科学版)，2011，12 (1)：151–152.

作者：张赫，天津大学建筑学院城乡规划系 系主任助理；卜雪旸，天津大学建筑学院城乡规划系 副系主任，副教授；高畅，天津大学城市规划设计研究院 工程师

自主命题式设计教学

——大二建筑设计教学探讨

童乔慧　李溪喧

Autonomous Proposition of Design Teaching: Discussion on the Architectural Design Teaching of Grade Two

■摘要：武汉大学建筑系二年级建筑设计课程教学通过提出问题、分析问题、解决问题的自主命题式设计训练以培养学生的基本建筑设计素养。这种自主命题式设计摆脱了传统教学模式中按照建筑功能、类型来设定题目的弊端，将学生带入前期的设计任务书制定过程中，以培养学生对于设计的系统认识。自主命题的范围随着设计教学的逐渐深入，其深度和广度逐渐增大。这种教学方式增加了学生的兴趣，也增强了教师的创新意识。

■关键词：二年级建筑设计　自主命题　教学组织　教学方法

Abstract：The teaching of architectural design course of Wuhan University is designed to train students' basic architectural design quality by posing questions, analyzing problems and solving problems. This kindof self-proposition-style design has got rid of the disadvantages of the traditional teaching mode to setup the problem in the process of the design task. The range of autonomous proposition is gradually increasing with the design of teaching. This kind of teaching method increases the interest of students, but also increases the teachers' innovation on sciousness.

Key words：the Second Grade Architecture Design；Independent Proposition；Teaching Organization；Teaching Methods

　　对于建筑学专业的学生而言，二年级是一个非常关键的时期，这个学年他们面临从设计基础教学到完整建筑设计命题的转变。从整体教学体系而言，二年级是承上启下的阶段，这个时期的学生对于建筑设计已经有了懵懵懂懂的认识，已经开始有了空间的意识，有一定的创造力，但是对于建筑形态、规模、体量等各方面还不能很好的认识和把控。作为教师，既不能让学生完全驰骋于想象，也不能过分地将他们约束在各式各样的建筑规范中，在不断的协调与矛盾中让学生获得对于设计理解的最佳平衡，并体会设计带给他们的乐趣。因此，武汉大学建筑系的二年级建筑设计教师在探讨开放式的教学模式、阶段式的教学控制、问题式的教学探索方面不断改革，为学生积极适应后期的建筑学习打下良好的基础。

建筑设计的方法一般可概况为两大类：一类是经验法，一类是理性法。长期以来，建筑设计领域大多沿着经验的方法进行工作。从 19 世纪 20 年代开始，西方建筑师开始在设计中探讨理性分析方法和科学的研究方法。传统的凭经验和直觉的设计方法已经不能适应需要。现代设计方法要求设计建立在明确的目标和秩序的基础上，以确保各工种的配合及管理工作便利可行，最终获得设计的高效及质量。柯布西耶曾经说过："无计划既无秩序亦无创意。"因此需要从建筑师的角度出发，着眼于对设计活动的控制。在建筑创作活动中，建筑师也许会遇到两种截然不同的情况：一种是业主给出的条件非常严苛和仔细，建筑师自由发挥的空间有限；另一种是业主只是给予建筑师一定的指标和限定，许多详尽的任务书制定工作是由建筑师自己来完成。上述可谓是建筑师在创作过程中面临的两种极端情况，在这两种情况下，建筑师的设计难度都很大。多数情况下建筑设计条件的制定是介于这两者之间，因此需要建筑师从一开始就介入到建筑设计的计划中去。正是基于这种实际设计情况的思考，我们也希望在教学中打破教师制定详尽任务书的传统模式，试图通过提出问题、分析问题、解决问题的自主命题式设计训练以培养学生的基本建筑设计素养。自主命题是指学生在教师的指导之下，根据教学内容、遵循教学大纲要求自己制定详尽设计任务书和建筑设计前期策划的一种教学方式。这篇论文一方面是建筑系二年级建筑设计前五年教学模式的总结，一方面也希望为后期建筑设计教学提供一些改革的思路，是以抛砖引玉，有不妥之处，还希望大家批评指正。

一、五年建筑设计课程的主体架构

教学架构是实现教学总体设想的保障，是建筑学系专业教学的基础。武汉大学建筑系的培养模式坚持以综合素质教育与创新实践能力培养为核心，加强建筑学专业学生的工程实践能力、战略性思维能力和国际竞争力，建立学院与校外专业实践基地联合培养的机制，构筑"三个课程教学平台，二个工程实践环节"为核心的卓越工程师专业培养模式（图 1）。

每个平台的设计类课程教学设有专门的教学主题，强化研究取向的设计教学。基础平台以"建筑与空间"、"建筑与自然"、"建筑与社区"为教学主题，通过该课程的学习，使学生初步了解人的行为需求、人的行为尺度与建筑空间的关系，培养学生从整体环境的视角进行构思与设计，理解建筑与显性、隐性环境的关系，掌握从单体到群体，从自然到人文的环境设计原则与方法。

专业平台以"建筑与文化"、"建筑与社会"、"建筑与技术"、"建筑与城市"为教学主题，使学生理解建筑的文化和社会属性，以人性化的建筑空间体现社会关怀，并从地域文化、基地环境、功能空间布局、形体塑造等诸方面完成对主题的空间转换，并培养学生分析技术问

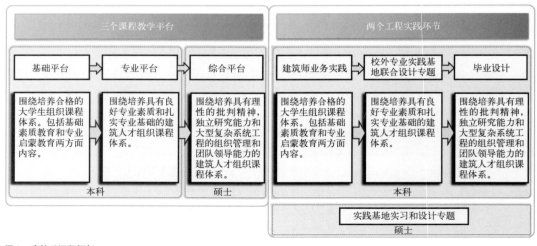

图 1　建筑系课程框架

题和解决技术问题的能力，使学生对设计理念的探讨从建筑视角拓展到城市视角，理解"建筑是城市的基础，城市是建筑的背景"的辩证思想，培养学生重点地段城市设计的能力。

综合平台通过建筑师业务实践和硕士生的连续培养，使学生具备职业建筑师的基本素质，提高其全面综合解决建筑及环境问题的实际能力，培养掌握建筑学基本理论、方法和技术，系统全面的建筑设计及其理论的专业知识，拥有较强的工程实践能力、知识更新与自我完善能力、良好沟通与组织管理能力和国际视野的建筑学专业高素质工程技术人才。

三个课程教学平台分别针对本科和硕士研究生学习的不同阶段来建立学生的专业知识结构和能力，即以本科一、二年级为基础平台，本科三、四年级为专业平台，硕士研究生为综合平台。通过"平台－板块－课程"3级体系，和通识类课程系列、设计类课程系列、建筑理论类课程系列、建筑技术类课程系列、建筑表达类课程系列、建筑实践类课程系列，以设计类课程作为核心，以理论、技术、表达、实践类课程为支撑，并与通识类课程相关联，形成一种联系紧密的、网络状的课程格局。

二、教学改革的主要研究思路

建筑设计课程教学是一项复杂的活动。传统的设计课程教学总是将教学活动看作是教师对学生的单向作用，将学生处于被动的纯粹的客体地位，而老师作为"教育者"被置于主导的地位。在这种观念下，学生之于老师是一种依赖与权威的关系。其带来的不利后果是，教学活动中学生作为独立个体的主观能动性被忽视，学习能力、创新思维和个性发展都受到了阻遏。因此，我们在设计主题的设定中新增了"发现问题"、"分析问题"、"解决问题"的自主命题式设计。最开始发放任务书时就和学生指出，他们可以根据使用对象的不同，设定不同空间需要。学生根据自己的兴趣和熟悉程度确定使用人群，希望学生通过问题的设定发现通往设计的大门。

自主命题式设计教学可以分为几种方式：一是学生对地形进行自主式命题；二是学生对使用者进行自主命题式设计。这种自主命题式设计摆脱了传统教学模式中按照建筑功能、类型来设定题目的弊端，将学生带入到前期的设计任务书制定过程中，其教学的目的性显而易见。在中国目前建筑教育的大环境下，学生往往容易缺乏对社会关注和人文的关注，缺乏对人生活方式的思考。因此建筑系二年级教学中，通过自主命题式设计任务书的制定，以培养学生对于环境和人脉的理解，更重视人的价值取向，强调设计理性的过程，强调使用者的参与（图2）。这种教学方式通过可选性增加了学生的兴趣，也增加了教师的更新意识。学生通过分析问题试图找出和解决问题与建筑设计之间的对应关系。这样的教学命题希望学生在今后的工作学习中也能形成这样的思维方式，是带着问题做设计，而不是类型设计。学生可以根据自己设定的条件修改任务书的某些功能布置，这点从根本上也是和实际工程接近。当学生走上工作岗位上会发现，通常甲方不会设定如此详尽的任务书，因此提前让他们思索如何寻找问题的切入点是很好地解决设计前期各项矛盾的一种方式。

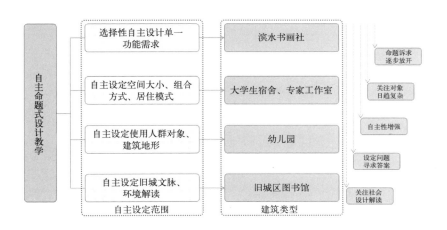

图2 自主命题式建筑设计课程框架

自主命题的可选范围随着设计教学的逐渐深入，自主命题的范围逐渐扩大，侧重点也不尽相同。滨水茶室是大二的第一个设计题目，其建筑规模不大，训练内容单一，但目的性比较明确，训练学生对于简单空间的设计把握。由于这是学生在设计入门阶段的第一个完整设计题目，我们对学生可选的范围并没有完全放开。我们选择在武汉大学枫园池塘边拟修建一幢湖滨书画社，供大学生书画爱好者学习交流之用；对附属功能如办公、服务等用房进行了面积规定，其中面积最大、最主要的功能由学生根据实际地形调研和访谈自行决定。有的学生选择做展厅，有的学生选择做咖啡交流室。不同的功能需求决定了空间的不同需要。

第二个题目目的是训练学生对于单一居住空间及其组合形式的把握。题目有大学生宿舍设计或者珞珈山专家工作室。在宿舍设计任务书中我们控制了总人数为 80 人，层数三层或四层，尽量不要对环境有大的破坏，尽量利用空地建设，而不要砍树（除极少数不大的树木），每位学生调研后自行确定内部功能及各个空间面积。这个题目的自主性大大增加，学生根据实际调研决定宿舍的单元居住模式和组合方式。设计中强调对于新时代大学生生活需求的考察以及建筑空间该如何做出回应。在专家工作室的设计过程中，学生根据实际需要自行决定专家类型及对建筑空间的需要。

大二下的设计题目的自主性范围和深度都进一步扩大，需要加强学生对设计对象和社会生活的理解。第三个题目是幼儿园的设计，训练学生对于复杂单元空间组合式的训练。通过分析得出问题，可以分为人的问题和环境的问题两大类。人的问题包括儿童对交往的"饥渴"、对亲情的渴望、儿童与自然的疏离、"独二代"家庭模式等等。环境问题包括农村、灾区、旧城区等等（图3）。学生通过分析问题试图找出和解决问题与建筑设计之间的对应关系，使得学生从问题出发，针对幼儿园分析不同地段的环境特征，不同儿童的心理诉求，并用建筑师的语言解决问题，从使用者——儿童的角度出发化解空间。设计主题丰富多样，有的关注自闭症儿童（图4），有的关注自然缺失症儿童，有的关注"独二代"，有的关注旧城区幼儿园，有的关注农村地区幼儿园，有的关注旧建筑改造。这种教学组织模式使得学生可以较好地解读设计题目，为下一步的设计教学打好基础。

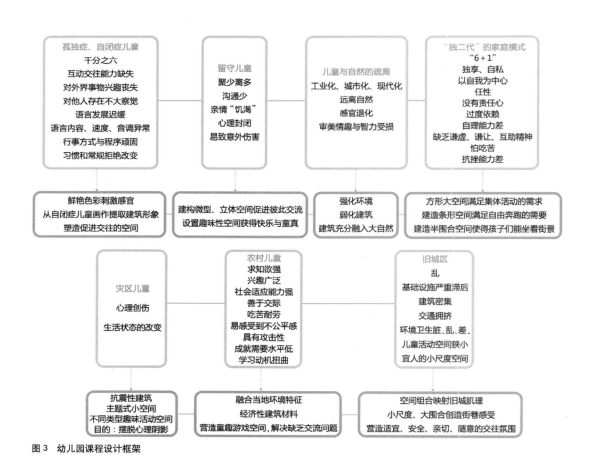

图3　幼儿园课程设计框架

图 4　幼儿园建筑设计

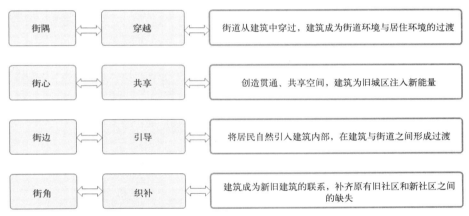

图 5　旧城区图书馆课程环境分析地形认知框架

街隅	穿越	街道从建筑中穿过，建筑成为街道环境与居住环境的过渡
街心	共享	创造贯通、共享空间，建筑为旧城区注入新能量
街边	引导	将居民自然引入建筑内部，在建筑与街道之间形成过渡
街角	织补	建筑成为新旧建筑的联系，补齐原有旧社区和新社区之间的缺失

　　大二的最后一个题目是拟在武汉市某旧城社区建一座小型图书馆。这个题目需要学生对于武汉历史环境的深入解读和对文脉的理解。具体建设地点由学生在武汉市首义社区、昙华林社区、汉正街社区自选（同一地块允许多人选择）。课题通过旧城区的深入调研，针对不同地段的街区特性，分析创作出适合不同地段属性的社区图书馆建筑方案。有的同学选址在首义社区中的老城区——传统型社区，传统型社区普遍存在公共活动空间和服务设施严重不足的现象，面对这样的环境背景，提供优质的公共空间来引入居民、创造更丰富的共享空间融入方案，是本设计的目标。经过多重比较，学生最后基本选定3种地形：街隅、街心、街边、街角（图5）。地形在街隅的同学设计位于武汉市首义区复兴路街区，该社区是以传统型社区和分配型社区为主的混合型社区，设计力图让社区图书馆这种小型文化会所真正融入社区之中，街道从建筑中穿过，保留原街道所有的特点为日后城市更新进程中新植入的社区提供良好环境。设计在街角的同学设计选址在武汉市首义文化区的西厂口社区内，考虑到社区居民在获取书目方面的困难，将新旧建筑联系起来，补齐原有旧社区和新社区之间的缺失，形成视线和空间上对历史的品读，满足了人们基本的读书需求之外，也使历史文化与城市记忆流淌于心（图6）。

图6 图书馆建筑设计——武汉旧城区社区图书馆

图7　实地调研和现场认知

三、教学过程与具体方法

教学手段的更新也是教师不断探索和改进教学的重要因素。在满足课堂教学的基本条件下，通过一系列丰富的教学组织，为建筑设计课程的学习打好基础，激发学生学习兴趣，取得良好效果。

1）社会考察

在设计过程中学生亲临现场，对照地形图认知现场环境，访问地方百姓，体验当地文化背景和日常生活，寻求最佳的建筑设计方式，以适应当地的自然环境和社会环境。学生针对特殊问题、特殊人群的需要，对当地的自然与人文氛围有直观的感受，并能切身感受居住环境，收集宝贵的第一手资料，发掘建筑的切实需求（图7）。例如在学者工作室设计时，让学生对周边的学者进行网络对话或者人物访谈的方式，让学生熟悉使用者的需求和空间特征，了解不同区域环境（乡村、老城区）的社会背景以及对建筑布局及造型的要求；了解使用者的心理及行为特征和对建筑布局及造型的要求；熟悉建筑使用者的活动尺度、家具尺寸、生活规律对建筑设计的要求；理解学者工作室的特殊需求，如日照、通风等在建筑设计中的必要性；熟悉中小规模建筑中平面单元和结构布置标准化的要求。

2）对外交流

在学校国际交流部的大力支持下，邀请国外建筑师或者大学教师参与设计课教学，如New Castle 大学的 Cat Button 博士，意大利都灵理工大学建筑学院 Dist 系的 Giuseppe Cinà 教授，孟加拉建筑师 Saif Haque，法国"BELLASTOCK"团队的 Antoine AUBINAIS 先生，台湾地区淡江大学的毕光建老师等，参与为期一个月的建筑设计教学过程，分享中西方建筑设计的经验，让学生认识到不同地域文化背景的建筑师对于设计和环境的理解，并影响到建筑设计的观念。2014 年 6 月台湾地区淡江大学 61 名师生来访，和武汉大学建筑系师生进行了深度评图交流，并结下了深厚的友谊（图8）。

3）启发引导

根据教学目的、内容、学生的知识水平和知识规律，运用各种教学手段，采用启发诱导的方法传授知识、培养能力，使学生积极主动地学习。让学生参与到教学中来，强调学生的自主性，培养独立思考的能力。比如设计前期的调研，教师会事先设定但不局限一些调研命题，安排学生按照各自关注点的不同分成若干小组，将某些设计要点的课程内容交给小组准备，并提交讨论话题，进行汇报宣讲和质疑讨论，教师只是听众和提问者。打破学生被动受教的传统模式，学生开始自觉寻求答案，培育学生主动探索的心态。例如在幼儿园设计时，

图8　淡江大学、武汉大学评图交流会

我们提出关注特殊人群、弱势群体是整个社会文明进步的一个标志，作为未来的建筑师，我们的义务是什么？我们能否在设计中多付出一点关爱？幼儿园设计课题旨在为未来的建筑师提供展示其设计潜能的机会，通过对特定人群、特定环境的调研与考察，创作出富有挑战意义的建筑设计。通过对儿童心理和行为、建筑环境和社会环境的分析和解构，提出幼儿园设计中的个性和共性问题，从儿童的视角以建筑师的语言化解和设计空间，因此教学组织通过一系列方法解决学生对于空间和环境的关系认知。在学习过程中将优秀作业范例集中讲解，以获得对最终成果的把握和控制（图9～图11）。

4）模型制作

模型的制作过程是对建筑意图的进一步理解分析，也是对空间可行性的进一步考察。模型制作伴随着方案的整个过程，是设计过程中十分重要的辅助设计环节。模型分为几类，最开始学生们分组做大比例的基地模型，接着个人完成多方案比较的草模；随着设计过程的逐渐深入，模型细节逐步完善。建模方式可以采用手工模型和机器切割模型两种，手工制作利用各种不同的材料，例如卡纸、木板、PVC板、橡皮泥、钢丝等，反映设计的空间效果和立面肌理；也可以利用电脑软件，例如SketchUp和Revit进行建模。在整个设计过程中，鼓励学生用模型表达自己的设计理念和想法。在最后成果中，要求学生必须完成一定比例的成果模型，成果模型必须是剖模型，模型可以展开看室内空间布局（图12）。

5）节点控制

在建筑设计过程中，节点控制是非常有必要的。设计中通过前期、中期、期末三阶段节点控制，使设计成果达到理想状态。通过节点控制，合理调整方案进度，有效促进设计的进一步完善，对于方案的生成具有积极的促进作用。节点控制在不同阶段的形式各有不同，各有侧重。前期主要形式为案例调研汇报，强调团队合作精神。学生查找设计案例进行对比分析，对实际调研所得的资料进行整理归纳，分析其优缺点，并与老师同学进行交流。1/2阶段与3/4阶段采取个人方案汇报形式，强调对设计过程的把握与所设计空间的分析。通过两次PPT的方案汇报让每位同学充分接受老师与其他同学的意见，进一步完善建筑设计。其中3/4阶段汇报成果已经接近正式方案。期末年级组综合评图，并请校外专家和知名建筑师参与评图，并对设计过程与成果给出评分与评语，让学生能够清楚认识设计与表达的优缺点，为下一阶段的学习打好基础，目前已经邀请校外专家34人次对学生作业进行评图工作（图13）。

四、自主命题的选择及其意义

强烈的社会需求和激变的市场对建筑设计人才提出了新的要求，呼唤着建筑设计的教学改革。如何培养和提高学生的学习兴趣和能力的问题严峻地摆在教师面前，在教学手段上进行改革是必然趋势。随着素质教育理念的深入，人们不断探索科学的教育模式，寻求更适合培养学生综合能力的教学方法。自主命题式设计训练跳出了传统的类型导向式建筑设计任

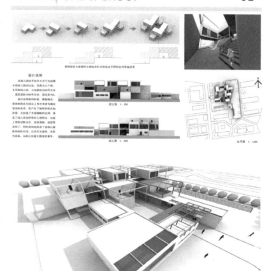

图9 2007级获奖学生作业

图10 2008级获奖学生作业

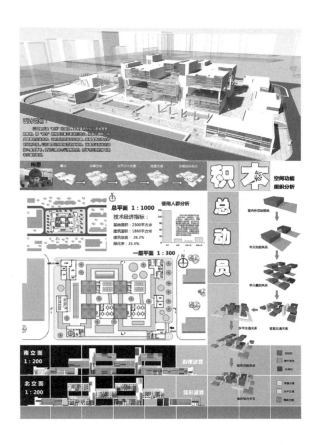

图11　2010级获奖学生作业

务书的教学方式，期望通过一步步引导，让学生参与到教学环节的制定过程，从设计计划的过程出发探讨建筑设计的特征和价值取向，强调设计过程的公众参与和多学科合作。这种自主命题式设计训练，从表面上看简化了设计任务书的内容，但从本质上加强了师生对于设计过程和程序的深入认识和理性分析能力。经过多年的积累，这种方式在建筑设计课程中被实际运用也是值得尝试的一种途径。

图 12　学生作业模型

图 13　美国加州大学伯克利分校教授 Nezar AlSayyad 参与评图

参考文献：

[1] 刘先觉主编. 现代建筑理论——建筑结合人文科学自然科学与技术科学的新成就 [M] . 北京：中国建筑工业出版社, 1999.

[2] 顾大庆. 视觉与视知觉 [M]. 北京：中国建筑工业出版社, 2004.

[3] 2013 全国建筑教育学术研讨会论文集 [M]. 北京：中国建筑工业出版社, 2013.

图片来源：

图 1 ～图 3：作者自绘

图 4：2009 级张歌学生作业

图 5：作者自绘

图 6：2012 级梅卿、覃琛、陈琪龙学生作业

图 7：学生作业

图 8：作者自摄

图 9 ～图 11：学生作业

图 12 ～图 13：作者自摄

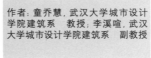

作者：童乔慧，武汉大学城市设计学院建筑系　教授；李溪喧，武汉大学城市设计学院建筑系　副教授

稻田竹构的地形学反思

——东南大学研究生2015"实验设计"竹构鸭寮课程

杨浩腾

Topographic Reflection on Rice-field
Bamboo Tectonics: 2015 Experimental
Design, A Post-graduate Teaching Studio,
Southeast University

■摘要：通过对东南大学建筑学研究生实验设计课程"竹构鸭寮"的反思，以及鸭寮投入使用后的回访感悟，结合戴维·莱瑟巴罗教授地形学理论中物质性、空间性和时间性的论述，回顾并延伸讨论从场地调研到竹构原型到设计建造过程中，地形是如何介入并影响竹的建构组织及其空间生成的。

■关键词：竹材建构　地形学　物质性　空间性　时间性

Abstract：This paper is about the topographic reflection on 2015 experimental design, a post—graduate teaching studio of Southeast University, and the inspiration risen from a visit to the duck stables in use. A discussion will start with the materiality, spatiality and temporality of David Leatherbarrow's topography theory and focus on how topography influences the bamboo tectonics and space formation in the process of field investigation, design and construction.

Key words：Bamboo Tectonics；Topography；Materiality；Spatiality；Temporality

1.课程回顾

　　2015实验设计课程——"竹构鸭寮：稻鸭共养的建构主题"是东南大学建筑学研究生的选修课，这次课程的主题是学习、研究竹材的建构以及在乡村的在地建造，课程历时5个月，最终32个研究生在田头劳作12天，共搭建起22个鸭寮（图1）。

　　首先简要回顾一下整个教学过程：2014年12月22日，张彤教授针对竹材的材性、构造、结构和竹构空间等内容做了一场题为"竹构：一种可持续建造体系"的讲座；11月26～28日，同学们到达太阳公社进行学习和调研，并与当地农户深入交流，为鸭寮拟定各自的"任务书"；2015年1月5日～5月15日，同学们进行了为期3个多月的研究和设计，从竹材建构文化的研究到竹构原型的提出、模型制作和衍化，再到结合功能、场地、空间和尺度完成方案设计，再用大比例的模型对构造和节点进行研究；最后于5月15～26日在浙江临安太阳公社

1 ~ 3	翁惠根家鸭寮	4 ~ 5	陆鸿翔家鸭寮	6	林叔家鸭寮
7 ~ 10	林永金家鸭寮	11 ~ 12	姜叔家鸭寮	13 ~ 14	裘大爷家鸭寮
15 ~ 16	罗国正家鸭寮	17 ~ 18	罗金林家鸭寮	19 ~ 20	罗炳根家鸭寮
21 ~ 22	罗关红家鸭寮				

图1　22个鸭寮盖成全貌

的稻田上完成建造（图2～图7）。两个月后的7月14～15日，部分参与教学的学生对鸭寮的使用状况进行了回访。

　　笔者全程参与了竹构鸭寮实验设计课程，本文结合课程学习中的思考和心得，鸭寮使用回访的经历和感悟，参考戴维·莱瑟巴罗教授[1]地形学理论中物质性、空间性和时间性的论述[2]，从地形学角度对课程进行解读。

2．地形学的物质性

　　对物质性的关注，一方面是地块的外形、边界及其地质结构，还有组成地形的各种要素（如土壤、水、植被等）的材料、色彩、肌理等，以及在时间进程中这些物质所呈现的变化和新事物的涌现；另一方面是这些要素在功用上的潜力，能给生活、生产提供什么效能并促发相应行为，能为建造活动提供什么条件。课程在乡村讨论的物质性，具体来说是当地资

图2 田间调研

图3 竹材加工和构造学习

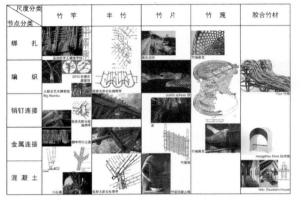

图4 竹材建构研究

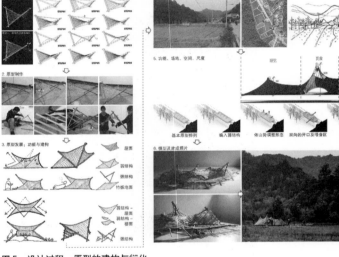

图5 设计过程：原型的建构与衍化

图6 施工建造

图7 田间评析

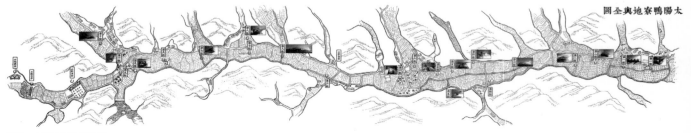

图8 太阳鸭寮地舆全图

图9　村民自建的第一批鸭寮

图10　竹材的获取和加工及竹凳制作

图11　棕叶防水试验

源及其在地加工，有机材料的自然性对构造、建造和空间特征的影响，稻田竹构本身和建造活动的可持续性等。

太阳公社位于临安市太阳镇双庙村，距离杭州市区有近100km。公社在一条大致呈东西走向的长约4km的山谷中，除山谷间约100m宽度的耕地外，其余均是丘陵地貌，山上杂树丛生，包括大片竹林（图8）。如果为了完成鸭寮而要像杭州这么远的地方购置材料和工具，其成本和代价是巨大的。山上杂树居多，难以作为建材使用，唯有竹材是最容易获取和加工的。当地的毛竹直径大，质量好，适宜用于建造，而且竹子自身具有优越的材料特性：中空结构、质轻高强、物理性能好，便于搭建、经济高效、可再生、可降解、不污染等，能够满足经济、高质量而且生态的建造活动。陈浩如老师在做公社猪圈项目时对材料选择和施工组织进行了经费预算的评估和比较，结论是使用山上的竹材，雇用村里的工匠来完成建造是最经济合算的。

太阳公社中的很多村民以竹匠作为副业，几乎每家每户都能找到劈篾、竹编的好手，在第一批由村民自己完成的鸭寮中，基本都用到竹材作为结构或者围护部件（图9）。2014年冬天考察时，同学们在竹工师傅的带领下上山挑选、砍伐竹子，并制作了一张竹凳子，初次感受到地形中材料的效能和潜力（图10）。竹材是丘陵山地赋予当地居民的礼物，人们为着生活和生产的目的自发地使用它，使竹子产生效能，长久以来形成了稳定的文化上的联系。而我们在鸭寮的设计和建造中，是否能够展现这种仍在持续发生的人和地形之间的关系？

然而这种刚被我们认识到的乡村、地形和建筑紧密关联的文化内涵，并没有得到太多村民的理解和重视。在我们调研交流乃至建造实践的期间，村民们时常不忘跟我们讲述砖块砌体的坚固和耐久性，塑料薄膜的轻便、简易和防雨防风功能……鸭寮更多地被村民视为一种生产机器，只要求耐用、经济和易于制作。而我们思考的则是当地形学问题介入后，材料的选择及其所决定的构造、结构和空间属性问题。课程一直杜绝非自然材料的使用，促使同学们发掘当地自然材料的潜能，例如将稻秆、茅草、棕叶应用在屋面防水的尝试。同学们研究试验出了棕叶与竹篾混编的有机防水做法，应用到几个鸭寮上，宣明了态度，提供了积极的示范（图11）。同学们用建筑学的方式，实践着太阳公社永续农业的理想——稻作不用化肥，饲养不用饲料，一切都在自然的生息规律之中。

3.地形学的空间性

通常，人们更乐于讨论地形的图像性，但地形在空间性层面的意义——延展性、连续性和围护性，以及它转化为居住和使用的潜力，更具有建筑学的意义。

第十组的二号鸭寮通过构筑起一个竹构的人工地形[3]，在容纳鸭子，满足使用的同时，力求与山谷景观相呼应，以柔和的姿态介入到场地之中。形式的选择并非是图像性的，鸭寮是一个有面、有空间的构筑物，由竹竿支撑，竹片、竹篾编织起来的人工地形，营造了一个介于天空和大地之间的拥有覆盖的内部空间，具有高低起伏的空间边界，地形经过延展拥有了空间，实现了居住和使用的功能。起伏形态的双曲面跟坡屋顶一样容易造成热量的集聚，因此利用这个现象实现鸭寮内部热量和空气的组织疏导，地形的空间性在某种程度上包含了功能性的内容（图12）。

为了让鸭寮与稻田、田埂取得更好的连续性，同时为区分相邻稻田的鸭群，在与之对应两侧设置了延伸的平台作为喂食区，同时完成鸭寮与稻田的过渡和连接。山形的自由双曲面实现了空间覆盖和围护的连续统一，坚持采用编织的方式一方面是对当地竹编手工艺致敬，将当地手工艺的意义叠加进来；另一方面在"地形"的编织中获得单一连续的材料（竹）肌理，如同放眼望去的稻田和山陵（图13～图14）。

还有一个位于村尾、未被建造起来的三号鸭寮，计划是在两块有地形高差的稻田之间，搭建一个鸭寮，实现地形的连接。然而施工前场地勘察发现，地形高差比想象中的大，植被和环境也比预想的复杂，导致鸭寮的规模需要扩大，并且要加设一大片人工的平台作为喂食区，由于人力和时间问题最终遗憾地放弃了这个建造计划。如今看来，这恰恰是一次机会，这个鸭寮将与地形的空间性层面发生有趣的互动，地形参与围合，人工延展和创造一个小地形来实现地形的连续，无论成功与否，都将会是一次有益的尝试（图15）。

两个月后的回访，关注点是水田、田埂这些"微地形"和鸭子行为的关系。经过观察，看到鸭寮使用比较好的，基本都是出入口方向有宽阔田埂，最好是带有水面的地方（图16）。鸭子是群居动物，鸭群有一定的规模，喜欢在田埂上休憩，对鸭寮的兴趣基本只存在

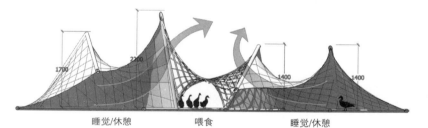
图12　二号鸭寮的内部空间和功能性设计

图13　竹编的山体"地形"

图14　单一、连续肌理的竹编方式

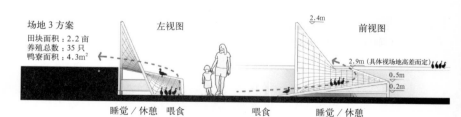
图15　三号鸭寮的设计方案

图16　鸭子和鸭寮和谐共处

于喂食的时候。鸭寮的选址和与场地的交接处理十分重要,鸭寮不大,水田和田埂是与之关系最为密切的地形,水田之于鸭子是可以进入的地形,田埂之于鸭子是集合和休憩的场所。鸭子生活情境的营造,需要仔细的选址和设计,让鸭寮成为水田和田埂的延伸,使地形得以成为连续的有机组成部分。

4. 地形学的时间性

在时间进程中,地形会新陈代谢,水体会涨落丰涸,植被伴随四季变化,材料也在改变着自身的面貌。这些物质状态的变化,或循环或消逝,既指向过去又指向未来;不仅如此,时间还是我们体验地形、空间的一种媒介,人们在时空的变换中形成了对景观、场所的感受和认识。

两个月后的回访,与建造时刚施放肥料、准备插秧的泥泞田地相比,7月中的水田已经是绿油油的一片,鸭子放养在水田里,或穿梭于田间,或休憩在田埂上,场地中呈现的景观已经与建造时乃至年前冬季调研时相去甚远了(图17)。鸭寮自身也发生了面貌上的改变,带竹青的竹片、竹篾与不带竹青的竹篾呈现出不同的色调与质感,前者由青色有光泽转为淡黄有光泽,后者由淡黄色转为棕色暗哑(图18)。有的鸭寮与场地的关系发生了转变,计划中由田埂进入变成了由水面进入……无法回避的是,建筑一旦介入地形,它将与周围的环境建立起持续的关联,要求设计者预见并容纳这些变化的发生,有计划地调节建筑自身状态及其使用方式。

第四组的鸭寮考虑到鸭子居住期[4]过后的使用方式,鸭寮由多个小单元组合形成,在鸭子不使用的时候可以倒置插在竹竿上作为亭子,以另一种形式成为水田中的景观构筑物(图19)。

在鸭寮的建造过程中,同学们在各自的鸭寮里、在自己营造的空间中获得了难得的体验。闲余的午后,组员和笔者从村路下小坡到田埂,俯身进入鸭寮,转而面向东或西侧的稻田盘坐,在被竹片地面和竹篾编织覆盖所定义的人工地形里,享受着与身体有所呼应的包裹感而带来的安全与舒适;铺一卷草席静静躺着,看看稻田和远山,从未感觉和大地如此接近。日渐西移,鸭寮的"透光面"也随之由南转西,直到夜幕降临,鸭寮的人工地形与自然的山峦一同逐渐隐没在夜色中。在时序,中光线为我们带来了更加丰满的空间感知和体验(图20)。

图17 三个不同时间段稻田的景观变化

图18 鸭寮及场地两个月内的面貌变化

图19 鸭寮的不同使用方式

图20 竹构鸭寮中的空间体验

5.总结

在乡村建造，是一种回归，回归原生态的农耕方式，回归淳朴诚实的建造实践。村民用欣喜的表情跟我们叙说着满满愉悦的味道：米是回忆中的甜，豆花是回忆中的香，猪肉是回忆中的口感……我们则想着如何表达关于建构、关于地形、关于手工艺的感悟，这是一个很艰难的过程，那些对于土地的解读只有通过世代的劳作才能获得，那些与气候和地形相处的知识和经验只掌握在当地居民的手中，作为一个外来的建筑师，试图通过这些回忆、知识和经验促进设计，将其融合到作品里面并得以表达和展现，除了聆听、学习和体验，难有其他途径。

地形学具有物质性、空间性和时间性的意义，以及累积的历史与文化内涵，它具有自证的结构和运行机制，以超越图像化和美学化取向的方法增益了建筑、景观和乡村／城市的文化内涵[5]。在课程中，地形学理论对鸭寮项目的选材和施工组织、竹构原型的衍化和功能性设计、场地处理以及不同时期的功能置换等成为重要的理论参照，在相对建构主题的另一层面促进了课程结果的多样性。

2015年5月中下旬，32个东南大学的研究生怀着建筑师的专业素养与匠人精神，在太阳公社的大地上建造起22个竹构鸭寮，深刻地体会到土地的意义、人与土地的关系，手工作业的艰辛和施工组织的困难。这是一次十分宝贵的经历，是关于地形、材料和建构的思考的开端。

注释：

[1] 戴维·莱瑟巴罗 (David Leatherbarrow)，美国宾夕法尼亚大学建筑系教授，博士班委员会主席，在埃塞克斯大学师从里克沃特 (Joseph Rykwert) 和维斯利 (Richard Vesley) 获得艺术博士学位，主攻建筑设计及历史理论和园林理论。著有文集《建筑表皮》、《建筑创作的根基》、《地形学的故事》、《论风化》等。
[2] 见参考文献 [2] 中的《景观是建筑吗》一文。
[3] 见参考文献 [4]。
[4] 鸭子对鸭寮的使用时间为两个月左右，6月初放入苗鸭，8、9月份水稻扬花前收回鸭群。
[5] 见参考文献 [2] 中的《景观是建筑吗》一文。

参考文献：

[1] 张彤，陈浩如，焦键. 竹构鸭寮：稻鸭共养的建构诠释——东南大学研究生2015"实验设计"教学记录 [J]. 建筑学报，2015 (8)。
[2] (英) 马克·卡森斯，陈薇. 建筑研究2：地形学和心理空间 [M]. 北京：中国建筑工业出版社，2012.
[3] 王珊. 基于地形学视角的思南新城城市空间设计研究 [D]. 武汉：华中科技大学，2011.
[4] 李小健. 人工地形建筑——人工地形生成原理分析 [D]. 北京：清华大学，2008.

图片来源：

图1：师生拍摄，作者整理
图2～图3：学生拍摄
图4：学生研究报告
图5：作者自绘
图6～图8：学生拍摄或绘制
图9：作者拍摄
图10～图11：学生拍摄
图12～图16：作者自绘或自摄
图17：学生拍摄
图18：作者拍摄
图19：学生拍摄
图20：作者拍摄

作者：杨浩腾，东南大学建筑学院　研究生

文见其人

——陈伯齐先生在华南工学院活动纪略

庄少庞

An Activities Record of Professor Chen Boqi in South China Institute of Technology

■摘要：陈伯齐先生在华南工学院建筑系任教期间，凭借其敏感触觉与宏观意识，为构建教学、科研与实践平台贡献甚巨；以其德、日的教育背景，吸收各国教育经验，立足国内实际，努力构建具有华南特色的建筑教育体系；在亚热带建筑、城乡规划方面做了开创性的实践与研究工作。陈先生去世较早，相关记录较少，殊为可惜。本文通过对其20篇文章的整理归纳，对其在华南工学院期间的主要活动进行深入描述，作为探析其建筑教育理念与学术思想的基础。

■关键词：建筑教育　城乡规划　亚热带建筑　地方建筑风格　华南特色

Abstract：Relying on his sensitive touch and macro-awareness, professor Chen Boqi contributed hugely to the construction of teaching, research and practice platform of Architectural Department, South China Institute of Technology. By virtue of German and Japanese education and absorbing international education experience, he work hard to build the characteristics of the architectural education system in South China on the basis of domestic reality. He also launched the groundbreaking practice and research work in the aspects of subtropical architecture design and urban and rural planning. It is a great pity that Chen died earlier and less relevant records were preserved. Through the analysis of his 20 published articles, the main activities of Chen Boqi during the period in South China Institute of Technology could be deeply described, so his ideas of architectural education and academic thoughts could be explored.

Key words：Architectural Education；Urban and Rural Planning；Subtropical Architecture；Local Architectural Style；Characteristics of South China

　　华南理工大学建筑学院始自中国最早的建筑系之一———勤勤大学建筑系，该系1938年并入中山大学工学院，1952年转入华南工学院。勤大建筑系在创办者林克明先生的带领下，从一开始便以着重技术而独具特色；1946 年，夏昌世、陈伯齐、龙庆忠三位先生加入中大建筑系，进一步建构了倡导技术理性的教学体系；华南工学院时期，建筑系立足华南的专业教育与学术研究逐步形成。

图 1　陈伯齐教授

四位先生中，陈伯齐（图 1）担任系主任时间最长，"致力将华南工学院建筑系办成一个独具特色的学系"[1]，在学科领域，针对亚热带建筑科学、城乡规划设计做了开创性的研究工作，贡献甚多，但其留存资料较少，对其研究最为单薄。经搜集，其留存之文稿有 20 篇（表 1），均为华南工学院时期完成，自 1953～1972 年，时间跨度 20 年，且集中于 1953～1965 年，即陈伯齐 40～52 岁间，是其人生的高峰期。文稿 10 篇见于《华南工学院》（校报），9 篇发表于专业学术刊物上（2 篇由他人于 1996 年发表），1 份是内部油印稿，涉及其在华南工学院期间的主要活动，所谓"文见其人"，可作为探析其思想的基础。

在 1959 年《辉煌的十年，光明的道路》一文中，陈伯齐总结新中国成立后四项主要经历：参加武汉三学院规划设计工作、访问罗马尼亚与苏联、参加国庆十大建筑设计以及人民公社规划设计；是年，陈伯齐在全国建筑艺术座谈会上的发言，产生较大反响；在 1960 年初《迎新年、鼓干劲》一文中，陈伯齐介绍了亚热带地区建筑研究计划，这项研究是其后六年的主要工作，除参与国庆十大建筑设计外[2]，其余事件陈伯齐均撰有相关文章，脉络清晰可寻。

陈伯齐先生文章一览表　　　　　　　　　　　　　　　　　表 1

序号	年度	文章题目	发表刊物
1	1953	苏联专家给我们的启发	《华南工学院》，1953 年 7 月 22 日，024 期第二版
2	1955	我对这次建筑思想学习的认识	《华南工学院》，1955 年 10 月 15 日，102 期第二版
3	1957	罗马尼亚的高等建筑教育	《广州建筑》，1957 年 1 月
4		旅苏观感	《华南工学院》，1957 年 11 月 6 日，165 期第五版
5		让在学校教学的建筑师有机会参加实际创作	《华南工学院》，1957 年 12 月 13 日，169 期第四版
6		宽银幕立体声电影院设计	《华南工学院学报》，1957 年 1 月
7		瑞士比尔斯菲登水电站的建筑造型	《建筑学报》，1957 年 8 月
8	1958	贯彻总路线的好典型参观会城的一些体会	《华南工学院》，1958 年 6 月 30 日，179 期第四版
9		六年来我们在不断前进	《华南工学院》，1958 年 11 月 17 日，189 期第二版
10	1959	深刻的体会	《华南工学院》，1959 年 3 月 16 日，201 期第三版
11		崭新的教学计划	《华南工学院》，1959 年 3 月 28 日，203 期第三版
12		对建筑艺术问题的一些意见	《建筑学报》，1959 年 8 月
13		辉煌的十年，光明的道路	《华南工学院》，1959 年 10 月 1 日，225 期第五版
14	1960	迎新年，鼓干劲	《华南工学院》，1960 年 1 月 1 日，230 期第三版
15		南方城市建筑的骑楼问题	《广东建筑》，1960 年 1 月
16	1961	有关建筑艺术的一些意见	《光明日报》，1961 年 4 月 4 日（转载于《南方建筑》，1996 年 3 月）
17	1962	南方住宅建筑的几个问题（未见文稿）太阳辐射热与居室降温问题（合著：林其标）	1962 年 11 月建筑系科学报告会，华南理工大学档案馆藏油印稿
18	1963	南方城市住宅平面组合、层数与群组布局问题——从适应气候角度探讨	《建筑学报》，1963 年 8 月
19	1965	天井与南方城市住宅建筑——从适应气候角度探讨	《华南工学院学报》，1965 年 4 月
20	1972	新建筑在非洲（生前译稿）	《南方建筑》，1996 年 3 月

1　生平概要

1903 年 7 月 17 日，陈伯齐出生于广东台山汶村镇沙坦村一个归国侨工家庭；因学业优秀，得到族人的资助，1920 年入读广东高师附属师范学校，1924 年毕业；曾任小学教师，1928 年赴日本神户同文学校教书。1930 年，陈伯齐返广州考取广东省公费留学，赴日本东京高等工业学校（东京工业大学前身）攻读建筑学专业，期间因参加民间抗日爱国活动被遣送回国；

1934 年转赴德国柏林工业大学攻读建筑学，1939 年毕业，曾留校任教，游历欧洲 30 多个国家。1940 年，陈伯齐回国（图 2），创办重庆大学建筑工程系并任系主任，同时任重庆建设计划委员会委员、重庆浮图关体育场总工程师；1946 年任中山大学建筑系教授；1949 年 2 月赴日本考察建筑教育 [3]；1951～1952 年任系主任；1951 年，参与华南土特产交流会设计工作，负责总平面规划及中央舞台、省际馆设计。

图 2　1940 年代的陈伯齐郭剑儿夫妇

　　1952 年 11 月，中大建筑系转入华南工学院。1953 年，陈伯齐参与华中三校的规划设计；与林克明等创办了广州建筑学会，任副理事长；与夏昌世、龙庆忠等组建了民族建筑研究所；1957 年起先后任中国建筑学会第二、三、四届理事，是年，作为中国建筑师代表团成员访问罗马尼亚及苏联。1958 年，陈伯齐主持创办亚热带建筑研究室；1958～1959 年间两次赴北京参与国庆十大建筑设计评审，与林克明一起参加人民大会堂设计；1959 年起任系主任。1960 年 5 月建筑系与土木系合并为建工系，陈伯齐任第一系主任（图 3）；1961 年参加桂林风景区的城市规划工作；1963 年赴古巴哈瓦那参加国际建协第七届大会；1973 年 10 月 4 日去世 [4]。

图 3　1962 年 12 月 19 日，建工系陈伯齐、罗崧发主任接待阿尔巴尼亚地拉那大学工程系主任基乔·耐戈汪尼副教授

2　重要活动纪略

2.1　华中三校的总平面规划设计（1953）

　　1953 年 2 月 4 日，陈伯齐赴武汉"短期协助三校总平面图之布置工作" [5]（图 4）。三校规模庞大，面积达 4.3km²，约合其时武昌城的三分之二。为搞好规划，陈伯齐赴北京与苏联专家讨论请教，"在建筑思想上得到很大的启发"："城市的建设是整体的，应具有完整性，要彼此调和，互相配合，虽规模不大的建筑计划，其总平面布置，也应受到足够的重视，大规模的建设，则更不待言，总平面的重要性应提升至第一位了"；"今后所需要的建筑师，……建设大规模工人住宅区，雄伟的公共建筑群和大工厂，是需要具有丰富市镇计划知识的" [6]。陈伯齐详述了规划工作中有关建筑层数控制，土地使用效能，道路、渠管、水电等设备投资，道路及建筑布置相应的造型与布局表现力等方面的体会。陈伯齐对总体设计的重视，在其后来的实践与研究中均有所反映。

　　陈伯齐参观了故宫、天坛和颐和园，苏联专家对中国古建筑遗产也"极为赞美"，陈认为应该深入研究建筑遗产，创造出民族形式的建筑艺术造型。这一时期，国内开始以批判"结构主义"的名义批判现代建筑，建筑界掀起复古建筑浪潮，探索新时期民族形式建筑 [7]。9 月，夏昌世、陈伯齐、龙庆忠以及青年教师胡荣聪、陆元鼎等赴北京收集中国传统建筑资料，回广州后成立了民族建筑研究所 [8]。

2.2　罗马尼亚、苏联的建筑教育考察（1957）

　　1957 年，应罗马尼亚建筑师协会邀请，中国建筑学会组织代表团一行 10 人赴罗访问 [9]，陈伯齐为成员之一，6 月 28 日从北京出发，经苏联，自 7 月 1 日～28 日在罗马尼亚进行为期 28 天的访问，参观了布加勒斯特建筑学院、布加勒斯特城市规划设计院、全罗城市规划设计院等，对城市规划、区域规划和建筑教育情况进行了详细考察；回程在莫斯科停留六天，受到苏联建协的热情接待，参观了莫斯科建筑学院，与院长、教研组主任和教授们开展交流，参观了教学过程和成绩展览、图书馆和教师的研究工作（图 5）[10]。陈伯齐在《旅苏观感》一文中说，"在短短六天之中，搞建筑的人所应该参观的地方，我们都看到了"。

　　1955 年，华南工学院建筑系入学新生班开始改为 5 年制 [11]。陈伯齐对两国建筑教育了解极为详细，不仅在广州建筑学会刊物《广东建筑》上撰文介绍布加勒斯特建筑学院的教学计划等资料，还迅速对教学工作做了调整。

　　1）布加勒斯特建筑学院"考试科目除一般的外，还考徒手画与机械画两科"，学院设考前补习班，训练时间为 1 个月，陈伯齐认为，此举"可较长期地观察考生绘画和制图的才能" [12]。据陆元鼎教授忆述，华南工学院建筑系入学考试自 1957 年起开始加试素描 [13]。

　　2）布加勒斯特建筑学院担任建筑设计和城市规划的全体教师，都同时兼任国家各设计

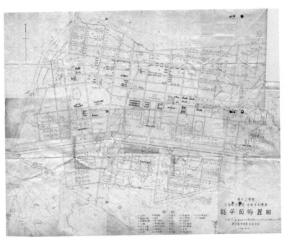

图4　1953年陈伯齐签名之华中三校总平面布置图

图5　1957年中国建筑师代表团与罗马尼亚建筑师合影，陈伯齐（后右四）

机构的实际设计工作，或作建筑师，建筑实践与教学工作同时进行。陈伯齐认为，此举于教学和企业两方面都可以提高质量，是值得学习的，他在《让在学校教学的建筑师有机会参加实际创作》一文呼吁："罗马尼亚布加勒斯特建筑学院的教师100%参加生产岗位的工作，苏联莫斯科建筑学院的教师80%参加实际设计工作，没有参加的20%是年老退休的建筑师，除教学外还从事专门的著述。希望院领导、高教部、设计院，定出一套制度，让教学的建筑师能有机会参加实际的设计创作工作。如在学校的建筑师用2/3时间教学，1/3时间参加生产，在设计院的建筑师的2/3的时间在设计院工作，1/3来学校教学，这样理论与实际结合；双方既不增加人员，也不增加开支，不但可以提高教学，而且还可以提高设计水平。"1958年7月，建筑系与土木系联合成立建筑设计院，谭天宋任院长。教师杜汝俭认为，生产上拥有自己的基地为"培养多面手"提供了保证，"不仅在社会主义建设工作中起着直接的作用，就是在师资培养上影响也是深远的。"[14]

3）陈伯齐对罗马尼亚的建筑教育采取了理性的取舍态度，他认为布加勒斯特在工程技术方面——如力学、结构、设备、物理、施工技术和经济组织等课程，比重似嫌过轻，是否能适应未来建筑发展形势值得考虑。陈伯齐承担建筑设计、建筑构造教学[15]，"在教学中，十分强调学习建筑必须弄清建筑物各部分构造，扭转学生只重视方案与渲染图的偏向"，要求学生在设计图中"画出外墙剖面大样图，以加深对建筑构造的了解"[16]。为适应发展需要，他在高年级开设"建筑与经济"、"特殊结构与形式"等专题课程[17]。1959年的《崭新的教学计划》一文中，陈介绍了新订计划利用暑期实习，建筑构造、材料、施工管理适当地结合工地生产劳动进行现场教学；对建筑系的毕业生，要求具有独立解决中小型建筑的结构与施工的能力要求。陈伯齐对技术教学的重视，还表现在对年轻教师的培养上，教师林其标在教"营造学"的过程中，陈伯齐以热情的工作态度，向其介绍经验，听课并提出宝贵意见，使其得到"很大的帮助"[18]。

4）布加勒斯特建筑学院实行暑期实习制度，学生在暑假期间要做一个月的实习。五年级学生利用古建筑实测实习完成了845座古建筑的整套资料，教学与研究结合，给陈伯齐留下深刻印象。

2.3　人民公社规划设计（1958）

1958年8月，华南工学院建筑系12名师生参加了全国第一个人民公社——河南遂平县岈山人民公社——的规划设计工作，成果发表于当年《建筑学报》第11期（图6）。其后，建筑系师生在广东地区下放三个月，到中山、番禺、高要、惠阳、潮汕、海南等地参加15个公社的规划设计。1959年3月，建筑系五年级学生赴南海结合人民公社规划开展毕业设计。10月，由陈伯齐任主编，建筑系出版了《人民公社建筑规划与设计》一书（图7）。1960年5月～6月，建筑系师生又先后赴郑州、武汉、海南、马鞍山等地承担城市人民公社规划设

图 6 1958年《建筑学报》封面刊登华南工学院建筑系河南遂平人民公社规划设计图

图 7 1959年《人民公社建筑规划与设计》封面

图 8 1958年陈伯齐（二排左四）与1956级同学澄海队下放归来在建筑红楼前合影

图 9 1960年陈伯齐（前排右二）带学生到郑州实习

计工作。陈伯齐先后带学生至潮汕沿海地区、郑州等地开展设计活动[19]（图8，图9）。

1959年的《深刻的体会》一文中，陈伯齐以汕头郊区人民公社规划设计过程中，设计人员与群众关于地方气候与建筑间距问题的争论为例，阐述搞好设计要走群众路线的观点[20]。在教学上，下放公社与参加设计院工作，"对设计能力与技巧的培养，对同学的独立思考、独立工作的习惯的养成与结合生产展开科学研究效果显著"[21]。

2.4 在建筑艺术讨论中发表意见（1959）

1959年5月~6月，建筑工程部与中国建筑学会于上海召开"住宅标准及建筑艺术座谈会"。5月27日，陈伯齐在会上做了发言。

陈伯齐提出了自己对建筑艺术表现的看法："建筑是有艺术性的一面，但主要的仍是使用上的功能。……要求过高，在一般性建筑中，是束手无策的。……简明朴素，雅淡大方，有民族气氛，也有地方风格，而没有虚假而过多的装饰。这栋房子又是处于全面规划，整体布局，有宾有主，有重点有陪衬的建筑群体中，在调和统一的基调上而又多样化，再衬以道路广场、园林绿化，身在其中，就会体会到环境的优美、幸福的生活和前途的无限光明。"陈对总体设计的重视可见一斑，他还就住宅建筑、骑楼建筑阐述华南地区独特气候条件下的设计观及由此所形成的地方建筑风格。

陈伯齐开篇明义地阐述了走群众路线观点，介绍其在汕头郊区公社规划设计中适应客观需要，创造为群众所喜爱的建筑的体会。对于国外建筑形式，他提出，"只要对我们适用，群众欢迎，应加以改进和发展，使之成为我们自己的东西"，"骑楼建筑作为南方城市建筑的特征之一，今后园林化的城市中，如何使它适应新的要求，有待于作进一步的研究"[22]。1960年，陈伯齐又撰文论述骑楼在适应地方气候上的意义，提出了改进方案及发展设想（图15），并呼吁，"骑楼形式的建筑，对广东的自然条件和人民的习惯喜爱，好处很多，加以改进应用来加强南方城市建筑风格和利便市民，非常必要"[23]。

1961年4月4日《光明日报》刊出的相近主题文章中，陈伯齐进一步阐释："真正适于我们的生活习惯、工作方法与气候条件的内容反映出来的形式，就不会是西方的，能够为我国人民群众看来感到很亲切喜爱的造型、立面与色调，它就不能不是中国的了。"

2.5 适应南方气候的住宅研究（1958，1960）

1958年，建筑气候分区列为国家建筑科学重点研究项目之一。8月，全国建筑气候分区会议在北京召开[24]，华南工学院建筑系派出林其标参加。以此为契机，建筑系创办了亚热带建筑研究室，由陈伯齐任所长，金振声任副所长。从"民族建筑研究所"到"亚热带建筑研究室"，显示华南工学院建筑系最终将研究视野集中于本地域问题，由此"确定了以亚热带地区建筑问题作为今后在学术上较长远的活动领域",并"相信在具有典型性地理条件的华南地区,一定可以把这些研究成果扩大影响到整个东南亚"[25]。10月,建筑工程部建筑科学院研究院建筑理论与历史研究室在北京主持召开全国建筑理论及历史讨论会,华南工学院建筑系金振声、陆元鼎出席了会议。会议提出了庞大的研究计划,广东省的研究工作主要由华南工学院负责,联合多家单位参与,课题包括广州市及广东省新中国成立前规划及建筑、客家民居与热带建筑特点等[26]。

1960年1月,在"大跃进"的背景下,陈伯齐撰文提出,亚热带地区建筑是建筑系的重点科研题目之一,"在这总的研究范围之内,考虑先作一部分理论与技术相结合的有系统的研究,选题拟为'建筑日照,遮阳与建筑方位'问题。计划在60年校庆前做出结论,质量要达到国内先进水平"[27]。陈伯齐承担"民用建筑设计原理一"的第一部分"居住建筑篇"的教学,负责居住组的毕业设计,他将教学与研究结合起来,早期的亚热带建筑研究主要围绕南方住宅问题展开。

1962年6月,建工系教师在广东省建筑学会年会上提交了9项报告。陈伯齐、林其标的《南方居室降温问题》一文[28],依据实验结果,对南方居室减少太阳辐射热及通风问题,如居室开窗设计进行探讨,提出新意见;金振声的《南方住宅类型》一文分析了天井式和南廊式的优缺点、特点及对缺点的补救方法等[29]。7月,建筑系学生结合暑期实习开展广州旧住宅调查实测,有金振声等十余位教师参加[30]。10月26日,教育部直属高等学校"建筑学和建筑历史"学术报告会在南京举行,金振声提交了《广州民居通风降温处理》一文[31]。11月,在建筑学系科学报告会上,陈伯齐在《南方住宅建筑的几个问题》一文中提出了在南方城市中建造一楼一底低层住宅的新设想,认为南方气候炎热,应尽量利用树荫造成凉爽的微小气候和满足市民喜爱户外生活的习惯[32]。

1963年5月,中国建筑学会在无锡举行学术年会,主要议题是居住区规划、城市住宅、农村住宅等,陈伯齐宣读了《南方城市住宅平面组合、层数与群组布局问题——从适应气候角度探讨》一文[33]。论文进一步从布局合理性、经济性论证城市中建造一楼一底低层住宅的规划设想。在街巷式住宅群组中点缀独立单元的高层住宅(图10,图11),形成空间轮廓

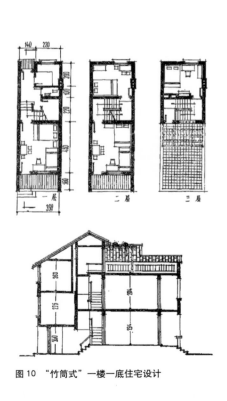

图10 "竹筒式"一楼一底住宅设计

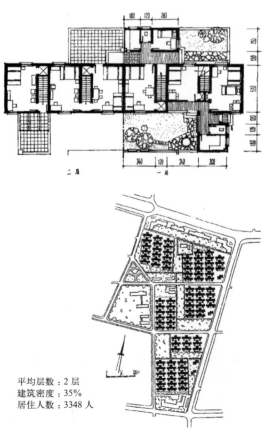

平均层数:2层
建筑密度:35%
居住人数:3348人

图11 群组街巷式布置住宅小区

变化，利用树木绿荫覆盖房屋空地，造成阴凉的微小气候。陈伯齐提出，"亚热带的南方城市应该朝着'绿荫城市'的方向发展，形成南方城市的新风格"。他充满诗意地畅想："由绿荫覆盖着的低层住宅群组成的住宅区，由住宅区与若干中心区组成的城市，高处远望，是一片绿波荡漾的海洋，几处拔地而起的是城市大小中心的公共建筑群体，挺秀高耸，犹如突出于海面的七星岩；三五成队，处处突出的高层住宅，若漂浮于绿波之上的点点帆影"[34]。

同年，建工系在广州市东郊员村住宅区设计修建了天井式和南廊式两座试验性的住宅，并于1964年夏季进行了有关防热降温效果的测试。1965年，陈伯齐发表了《天井与南方城市住宅建筑——从适应气候角度探讨》一文。文章从南方气候特点、住宅建筑存在问题、传统建筑防热与散热经验，以及天井式实验性住宅优点及设计应用、规划布局、用地经济性等方面综合了此前的观点并提出，广东地处亚热带的南方，气候条件及人民生活习惯与我国北方、欧美国家有着明显差异，"应以传统为基础，弃其糟粕，取其精华，加以革新发展，创造新的有浓厚地方风格的南方住宅建筑"[35]。

1963年3月，建筑系接受了中国建筑学会组织全国17个设计单位及高校建筑系参加古巴吉隆滩胜利纪念碑国际竞赛的设计任务，由系主任陈伯齐主持，进行方案设计选拔并将优胜方案送交中国建筑学会。8月，中国建筑学会组织代表团前往古巴参加竞赛方案评审及观摩活动，23日，陈伯齐与林克明代表广州市建筑学会赴北京参加中国建筑师代表团[36]，途经苏联、捷克、爱尔兰、加拿大，赴古巴哈瓦那参加第七届国际建协大会，行程约1个月[37]。大会从9月27日～10月4日举行，主题是"发展中国家的建筑"，分城市规划、住宅、建筑技术和居住区规划等四个小组进行学术讨论（图12）。大会闭幕后，除杨廷宝、梁思成等8位代表赴墨西哥参加国际建协第8届代表会议外，团员在古巴建造部的接待下进行了半个月的古巴建筑考察[38]。据林克明回忆，大会主要讨论住宅建设问题，团员观摩了各国代表带来的住宅方案，参加会议讨论；考察期间，团员参观了哈瓦那周围的民居、图书馆、工人住宅区、乡村风格的平房住宅等（图13，图14），"学习了古巴的建筑风格"[39]。当地建筑庭院绿化极好，采用多种多样的防暑降温措施[40]，与广东地区颇为接近，因此，古巴之行对陈伯齐应有一定的影响（图15）。

图12　1963年陈伯齐由古巴带回的国际建协第七届大会资料

图13　1963年陈伯齐参观哈瓦那城市东部的住宅区

图14　1963年陈伯齐（左一）在古巴考察

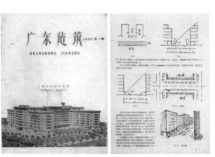

图15　1960年陈伯齐关于南方城市骑楼改进设想

3 总结与思考

作为建筑系的主要管理者之一，陈伯齐善于在其时运动式的建筑教育、科研与实践领域中抓住契机开展工作，又秉承理性的态度使其贴近实际，逐步建构了建筑系教学、科研、实践相结合的平台，形成了华南建筑学科的特色。从成立民族建筑研究所、人民公社规划设计到成立建筑设计院、亚热带建筑研究室并开展积极有效的工作，都显示出其敏感触觉和宏观意识。

图16　1972年陈伯齐的《新建筑在非洲》翻译手稿

在专业教学上，陈伯齐致力于建立独具特色的教学体系，以其德、日的教育背景，吸收了苏联、罗马尼亚的经验，结合国内现实需要，修订教学计划，调整教学工作；强调技术与实践教学，注重学生独立工作能力的培养，形成了华南建筑人才培养的特色；关心青年教师的成长，呼吁为教师提供创作实践机会，影响深远。

在学科领域上，相对夏昌世在地域建筑创作和岭南庭园方面的工作，龙庆忠在建筑历史方面的研究，陈伯齐带领林其标、金振声、罗宝钿等当时的年轻教师，为亚热带建筑技术科学、城乡规划学科做了开创性的工作，为今日华南理工大学建筑学院的学科发展奠定了基础。

1972年，陈伯齐在病榻上仍坚持翻译《新建筑在非洲》（图16），该书导言关于建筑气候学、社会学与建筑形式的关系、传统建筑经验的吸收运用、经济的控制、本土建筑师的责任与成长的论述，对应其本人的研究与实践，几可视为译者思想的代言。文中所言，"非洲建筑师们有能力为新的发展而创造一个基础"，"他们有权利向自己提出课题而留待将来去发展"，以此描述陈伯齐先生的努力与贡献，同样是恰当的。

（基金项目：广东省哲学社会科学规划项目：岭南建筑师的艺术创作历程与思想研究，项目编号：GD14CYS06；亚热带建筑科学国家重点实验室开放基金课题：广东地区气候适应性建筑形式中文化要素的表现模式研究，项目编号2013KB22；国家自然科学基金：岭南建筑学派现实主义设计理论及其发展研究，项目编号：51378212）

注释：

[1] 史庆堂.陈伯齐教授 [J].南方建筑，1996（3）：40-41.

[2] 林克明、陈伯齐作为广州建筑学会理事长、副理事长赴京参与国庆十大建筑评议，两人选择主要参加人民大会堂设计，有关活动在林克明回忆录中有简要介绍.参见：林克明.世纪回顾——林克明回忆录 [M].广州市政协文史资料委员会，1995：40-42.

[3] 彭长歆.现代性·地方性——岭南城市与建筑的近代转型 [M].同济大学出版社，2012：325.

[4] 信息综合自：潘小娴.建筑家陈伯齐 [M].广州：华南理工大学出版社，2012；彭长歆，庄少庞.华南建筑八十年——华南理工大学建筑学科大事记（1932-2012）[M].广州：华南理工大学出版社，2012.

[5] 华南工学院建筑系还有夏昌世、胡荣聪、毛子玉参加了华中学院、中南动力学院、中南水利学院三校规划与建筑设计，夏昌世任规划设计处处长兼设计组组长，胡荣聪为设计组副组长.据胡荣聪回忆，建筑系一批赴海南支援垦殖局设计工作的学生也直接转赴武汉参与了三校规划设计.参见：彭长歆，庄少庞.华南建筑八十年——华南理工大学建筑学科大事记（1932-2012）[M].广州：华南理工大学出版社，2012：88-89.

[6] 陈伯齐.苏联专家给我们的启发 [J].华南工学院，1955年10月15日，102期第二版.

[7] 邹德农.中国现代建筑史 [M].北京：中国建筑工业出版社，2001：157-158.

[8] 刘业.现代岭南建筑发展研究 [D].南京：东南大学博士学位论文，2001：29.

[9] 中国建筑学会大事记（1953-1959）[OL].中国建筑学会网站，走近学会＞学会简介＞大事记.

[10] 中国建筑学会大事记中记录出发日为6月29日，而陈伯齐"旅苏观感"为6月28日，29日抵莫斯科，访罗时间见据：任震英.罗马尼亚的区域规划与城市规划工作 [J].建筑学报，1957（12）：41-48.陈提及在莫斯科停留6日，应为返程中停留参观.

[11] 刘战.华南理工大学校史（1952-1992）[M].广州：华南理工大学出版社，1994：28.

[12] 陈伯齐.罗马尼亚的高等建筑教育 [J].广州建筑，1957（1）：2-5

[13] 彭长歆，庄少庞.华南建筑八十年——华南理工大学建筑学科大事记（1932-2012）[M].广州：华南理工大学出版社，2012：97.

[14] 杜汝俭.跃进在建筑红楼 [J].华南工学院，1959年10月10日，226期第三版.

[15] 1949年中山大学建筑系的一份课表中，陈伯齐承担"房屋构造（1）""房屋构造（2）""建筑设计""建筑计划"的课程教学，见：彭长歆，现代性·地方性——岭南城市与建筑的近代转型 [M].同济大学出版社，2012：323.

[16] 袁培煌.怀念陈伯齐、夏昌世、谭天宋、龙庆忠四位恩师——纪念华南理工大学建筑系创建70周年 [J].新建筑，2002（5）：48-50.

[17]史庆堂．陈伯齐教授[J]．南方建筑，1996（3）：40-41．

[18]林其标．我教"营造学"的一些初步体会[J].1954年6月24日，057期第二版．

[19]华南工学院建筑系的人民公社规划设计成果，先后2次发表于《建筑学报》上（1958.11，1959.02）。这一时期的人民公社规划设计，是建筑系成立以来最大规模的规划设计活动，从时间上看，也是国内最早开始的乡村规划工作之一。1960年3月，岈山人民公社和番禺沙塘人民公社一个生产队的建筑规划成果被制作成模型，在东德莱比锡春季博览会的中国馆展出．彭长歆，庄少庞．华南建筑八十年——华南理工大学建筑学科大事记（1932-2012）[M]．广州：华南理工大学出版社，2012：114，117，124，130-131．

[20]陈伯齐．深刻的体会[J]．华南工学院，1959年3月16日，201期第三版．

[21]陈伯齐．崭新的教学计划[J]．华南工学院，1959年3月28日，203期第三版．

[22]陈伯齐．对建筑艺术问题的一些意见[J]．建筑学报，1959（8）：5，38．

[23]陈伯齐．南方城市建筑的骑楼问题[J]．广东建筑，1960：1-4．

[24]韩璃，石泰安．建筑气候分区研究工作进展动态[J]．建筑学报1959（5）：18．

[25]杜汝俭．跃进在建筑红楼[J]．华南工学院，1959年10月226期第三版．

[26]彭长歆，庄少庞．华南建筑八十年——华南理工大学建筑学科大事记（1932-2012）[M]．，广州：华南理工大学出版社，2012：120．

[27]陈伯齐．迎新年，鼓干劲[J]．华南工学院，1960年1月，230期第三版．

[28]梁启杰先生提到，该次会议上，"从通风降温角度谈谈广州住宅建筑的几个问题"的报告对广州住宅建筑做了若干重点分析。似为该文提交年会的正式标题。见：广东、天津建筑学会年会的学术活动[J]．建筑学报，1962（7）：目录页．

[29]建工系教师科研有成绩，将在广东建筑年会上提出九项报告[J]．华南工学院，1962年5月26日，281期第一版．

[30]金振声．广州旧住宅的建筑降温处理[J]．华南工学院学报，1965年12月，第3卷第4期：49-58．

[31]刘先觉．教育部直属高等学校举行"建筑学和建筑历史"学术报告会[J]．建筑学报，1962（11）：15．

[32]华南工学院建筑系供稿．华南工学院建筑系举行科学报告会[J]．建筑学报，1962（12）：16．

[33]陈伯齐教授等将提出建筑学术论文[J]．华南工学院，1963年5月21日，305期第一版．中国建筑学会网站"中国建筑学会（1960-1967）"记录无锡学术年会时间是1963年12月10～20日，会议就居住区规划、城市住宅、农村住宅等问题进行了座谈。但陈伯齐的论文发表于《建筑学报》1963年第8期（即8月），且年9月底在古巴召开的世界建协第七届大会主要议题也是住宅问题，本次年会可能同时为参会做准备，时间应为5月．

[34]陈伯齐．南方城市住宅平面组合、层数与群组布局问题——从适应气候角度探讨[J]．建筑学报，1963（8）：4-9．

[35]陈伯齐．天井与南方城市住宅建筑——从适应气候角度探讨[J]．华南工学院学报，1965年12月，第3卷第4期：1-18．

[36]彭长歆，庄少庞．华南建筑八十年——华南理工大学建筑学科大事记（1932-2012）[M]．广州：华南理工大学出版社，2012：140

[37]林克明．世纪回顾——林克明回忆录[M]．广州市政协文史资料委员会，1995：61．

[38]刘云鹤．国际建筑师生会见大会．国际建协第七届大会及第八届代表会议情况介绍[J]．建筑学报，1964（2）：38-39．殷海云．古巴农村住宅[J]．建筑学报，1964（3）：34-39．

[39]林克明．世纪回顾——林克明回忆录[M]．广州市政协文史资料委员会，1995．

[40]详细介绍可参见：殷海云．古巴农村住宅[J]．建筑学报，1964（3）：34-39．

图片来源：

图1～图3：华南理工大学建筑学院冯江提供，图中时、地、人、事为作者根据图片及相关资料推断确定．

图4：华中科技大学建筑与城市规划学院万谦提供，引自：彭长歆，庄少庞．华南建筑八十年——华南理工大学建筑学科大事记（1932-2012）[M]．广州：华南理工大学出版社，2012．

图5：唐璞．千里行，始于足下——70年建筑生涯回顾[M]//杨永生．建筑百家回忆录．北京：中国建筑工业出版社，2000．

图6～图7：彭长歆，庄少庞．华南建筑八十年——华南理工大学建筑学科大事记（1932-2012）[M]．广州：华南理工大学出版社，2012．

图8～图9：情系四十六年（1956-2002）——华南理工大学建筑学系（1956-1961届）同学纪念册．

图10～图11：南方城市住宅平面组合、层数与群组布局问题——从适应气候角度探讨[J]．建筑学报，1963（8）：4-9．

图12：华南理工大学建筑学院资料室藏书，作者拍摄．

图13～图14：同图1来源．

图15：陈伯齐，南方城市建筑的骑楼问题，广东建筑，1960（1）：1-4．

图16：同图6来源．

作者：庄少庞，华南理工大学建筑学院亚热带建筑科学国家重点实验室　副教授，工学博士

"文化建筑在中国"

——中央美术学院 2015 国际学术研讨会成功举办

　　1980 年以来的中国文化建筑是国家意识形态、社会主义市场经济、空间生产、技术进化、文化转向、美学实验及公共生活转型等多个领域的复合交织体。它既是中国现代化进程中的一部分，也同时呈现出不同于西方全球化进程中的诸多特殊性。其中，"塑造国家形象的文化建筑"、"建构公共活动的集体空间"，以及 "作为文化研究的建筑教育"，是变化最为显著的三个面向。2015 年 10 月 23 ～ 25 日，"文化建筑在中国——2015 国际学术研讨会" 在中央美术学院举办，会议就上述这三个面向以主题发言、院长论坛、平行讲座、青年论坛等多种形式展开，来自建筑界的矶崎新、王澍、朱小地、黄居正、崔彤、Roberto Requejo、冯果川，文化界的 Michael Schindhelm、Stephan Petermann、姜　、谢小凡、曾辉、方振宁，教育界的 Karl Otto Ellefsen、Jonathan D. Solomon、David Porter、庄惟敏、李振宇、王建国、朱文一、李翔宁、王维仁、刘克成、杜春兰、刘临安、戴俭、贾东、沈康、王海松、黄耘、董豫赣、唐克扬等多个领域的国内外嘉宾出席了此次论坛活动；还有众多中央美术学院建筑学院、设计学院、人文学院的老师参与了大会的发言和研讨。

　　中央美术学院范迪安院长对 "文化建筑在中国" 研究计划作了主旨阐释："文化建筑是一种建筑类型，抑或是建筑学的概念，或者是一种建筑研究的范畴。虽还没有定论，但是文化建筑作为建筑文化中的一个焦点命题，很显然已日益进入到我们的思考空间。文化建筑既可以被理解为承载文化内容的建筑实践，也可以被理解为以建筑作为媒介的文化实践。对于前者，建筑作为一个容器，文化作为一种存在；对于后者，建筑作为文本，文化成为一种生成。文化建筑有意思和有意味之处，就在于它在技术与文化、实体与精神、设计与言说、传统与当下、物质性的存在与活的生命形态等等这些关系中能够引发出令人着迷的思考。在今天的中国，人们对于文化建筑的关注，在某种程度上也体现了整个社会文化意识的觉醒。正是基于对文化建筑根本意义的这些追寻和对中国方兴未艾的文化建筑的期许，也伴随着隐隐的忧思。这次 '文化建筑在中国' 国际研讨会的召开，试图既着眼于世界文化建筑的进程，更基于中国文化建筑的发展，广听善言，博 众长。"

　　王澍先生认为，在中国的传统中，任何建筑都是文化的，但在当前中国快速城市化的背景下却必须分出一部分建筑，将之称为 "文化的"。他说："不应简单地把历史的某一段形象拿来做现代表达……文化不仅是形象，文化还应是体验，是真实的经验。"

　　矶崎新先生对比分析了 20 世纪 30 年代到 80 年代的中、日代表性的纪念性建筑，以及同是西学归来的中、日代表性学者，如梁思成、丹下健三等对传统文化研究的不同道路，两种不同的价值取向分别主导了中、日两国各自的文化建筑实践，但都表达了东方人在现代主义语境下对民族传统和全球化的思考与反应。

　　欧洲建筑教育协会主席 Karl Otto Ellefsen 先生认为，社会关联性是欧洲建筑教育变化的主要框架。北欧在战后的一段时期里，一直都在探讨建筑与城市的社会及文化意义——从苏联的新古典主义影响到现代主义建筑，几代建筑师做了大量的探索和实践。欧洲建筑学校联盟 (EAAE) 从成立以来就在引导联盟中各学校的转变，例如增加国际交流、适应《博洛尼亚协议》、跨学科的研究与讨论等等。经过引导和观察，联盟中的各学校并没有趋于同一化，而是更加重视区域文化，包括专业化、研究方向、教育专家和对艺术类其他方向的拓展。

　　会议期间，吕品晶教授以 "1980 年代以来的中国文化建筑——一个历史框架" 为题，介绍了中央美院建筑学院研究团队的阶段性成果。央美建筑团队从中国文化建筑的三个时态和三个维度，搭建了研究中国文化建筑的学术框架，在对 1980 年以来的中国文化建筑进行梳理之后，指出了中国文化建筑从原本到象征、从物体到场景、从集中到离散的发展趋势，以及中国文化建筑发展主导力量走向多元化的前景。吕品晶教授也指出，作为一种开放性研究框架，课题研究还将进一步的补充与发展。

第一届中国空间句法学术研讨会在北京交通大学召开

2015年12月5日~6日，由北京交通大学建筑与艺术学院与英国空间句法公司主办的"第一届中国空间句法学术研讨会"在北京交通大学隆重召开，标志着中国空间句法学术团体走向成熟，与国际空间句法学术团体建立了正式联系。本次会议是该领域的国内学者第一次组织的大规模学术研讨会，吸引了来自中国大陆及港、台地区的500多位学者、设计师和学生参加，国际空间句法指导委员会代表阿克里丝·范·奈斯教授(Akkelies van Nes)以及英国空间句法公司总经理提姆·斯通纳(Tim Stonor)亦受邀参会。

本次会议包括东南大学段进教授与提姆·斯通纳的两个特邀主题演讲，五个方向的专题报告，以及长春规划院与北京城市实验室BCL两个特邀板块的专题讨论，共计40场学术报告。在分会场，由奈斯教授主持的空间句法教学工作营吸引了200多名参与者。空间句法理论的创始人——英国比尔·希利尔教授从伦敦发来贺信，指出："在中国发展空间句法，单纯的应用现有技术并不应成为主要内容，而是应该更深入的参与到研究工作中去揭示中国城市的美妙空间和特殊问题，这样我们才能将经验和教训运用到未来的城市研究与设计中去。"

在本次会议中，有多项报告的内容新近或即将在多种国外规划与设计的顶级期刊中发表，标志着空间句法研究在我国已经逐步从低水平运用向高水平创新发展，部分研究已经进入了国际前沿并得到国际学术界的认可。不过也正如段进教授在主题演讲中所指出的，国内空间句法研究仍然存在相当的问题和不足，相当数量的研究存在方式和方法错误，在一定程度上导致了外界对于空间句法研究存在种种误解。空间句法会议在国内的长期化、规律化举行，正好能够促进对相关概念、范围和方法的明晰化。斯通纳则指出，本次会议与1997年在伦敦召开的第一次国际空间句法大会非常相似。所汇报的成果同样的生机勃勃，富有活力和创新；但也如同当年一样，存在一些由于信息传播不畅而导致的问题。中国空间句法会议必将为这一在欧洲已有广泛影响的研究领域带来新的发展。

在大会期间，中国空间句法的专家学者和国际空间句法指导委员会代表进行了闭门会议，对于空间句法在中国的未来发展、具体教学与实践推广、中国空间句法组织的正规化等展开了深入讨论。会上决定成立空间句法中国委员会（筹）以加速空间句法在中国的发展。决议在2016年，由东南大学承办第二届中国空间句法学术研讨会。

图1　会议现场全景

图2　UCL客座教授，空间句法公司总经理 Tim Stonor 报告

图3　荷兰代尔夫特理工大学、挪威 Bergen 大学教授 Akkelies Van Nes 在分会场答疑

图4　会议现场合影

"中国人居环境设计学年奖"教育年会在清华大学举办

2015年12月12日,"中国人居环境设计学年奖"教育年会在清华大学美术学院A301报告厅举办。本次年会由清华大学与教育部高等学校设计学类专业教学指导委员会主办,住房和城乡建设部高等学校土建学科教学指导委员会所属建筑学学科专业指导委员会、城乡规划学科专业指导委员会、风景园林学科专业指导委员会协办,并由清华大学美术学院、建筑学院与清控人居集团联合承办。参加此次活动的院校包括中国各类开设城市设计、建筑学、景观学、风景园林设计、环境设计、室内设计专业的五十余所高等院校的师生们。清华大学党委副书记邓卫、教育部高等学校设计学类专业教学指导委员会秘书长马浚诚、清华大学建筑学院院长庄惟敏、清控人居集团副总裁助理汪翎,以及中国人居环境设计学年奖组委会成员郑曙旸、方晓风、马克辛、王铁军、朱文一、孙世界、杨豪中、吴卫光、张书鸿、张悦、唐建、黄一如、赵军、宋立民、刘俊、周立军等出席年会开幕式。开幕式上,邓卫、马浚诚首先分别致辞;随后,由学年奖组委会秘书长、清华大学美术学院教授、《装饰》杂志主编方晓风做2015年秘书处工作汇报;"中国人居环境设计学年奖"重启后全新设计的LOGO也同期发布。

原"中国环境设计学年奖"创办于2003年,历经12载,业已成为中国规模最大、最具影响力的设计教育交流盛会之一。2015年,清华大学与教育部高等学校设计学类专业教学指导委员会,联手改组原"中国环境设计学年奖",以更强大的组织阵容、更高端的学术品质、更广阔的学科视野,盛大开启"中国人居环境设计学年奖"。本次教育年会,正是对本届学年奖活动的一次全面总结,会议主要围绕中国环境设计相关的学科发展、专业教育、基础理论以及教学实践等问题展开,由方晓风教授担任学术主持人。全天四场主题演讲,清华大学建筑学院教授边兰春演讲题目为"城市设计——为人居环境创造价值";同济大学建筑与城市规划学院景观学系教授刘滨谊演讲题目为"景观设计的空间美感营造";东南大学建筑学院院长韩冬青教授演讲题目为"在建造中再次认知设计";清华大学美术学院教授郑曙旸演讲题目为"室内设计在环境设计应用方向的意义与价值"。四位专家分别从城市、景观、建筑、室内四个角度,从宏观到微观,全面系统地论述了人居环境设计理论、实践与教学中的诸多关键性问题。主题演讲之后,是一场针对设计教育相关话题而举办的学术研讨会,参与的嘉宾有来自清华大学建筑学院的庄惟敏、张悦,东南大学的孙世界,广州美术学院的吴卫光,大连理工学院的唐建,以及重庆大学的刘俊。六位嘉宾在谈话与交流中不断摩擦,迸发出思想的火花,给台下的听众带来深刻的启发。

在年会举办的同时,设计竞赛获奖作品在清华大学美术学院A区展厅展出,组委会在年会上也安排了清华大学、江南大学、西安美院和南京艺术学院四所院校的学生和指导教师进行了院校交流与作品演说,12日下午,本年度学年奖的最后一项活动——颁奖仪式隆重举行,各奖项的评选结果终于揭晓,2015年"中国人居环境设计学年奖"在全体与会代表的热烈掌声中画上了完满的句号。

人居环境理论的提出,是力图以走向整合的环境意识来克服由于学科分化带来的专业隔阂,从而构建更为健康的人居环境审美体系。学年奖的改组无疑为实现这一学术理想又向前迈出了坚实的一步,为中国的人居环境设计教育提供了更大的助力。让我们在这个新的平台上更好地向前奋进!

图1 教育年会现场

图2 清华大学党委副书记邓卫在开幕式上致辞

图3 学年奖组委会秘书长、清华大学美术学院教授、《装饰》杂志主编方晓风做2015年秘书处工作汇报并担任年会学术主持

图4 清华大学建筑学院教授边兰春演讲

图5 同济大学建筑城规学院景观学系教授刘滨谊演讲

图6 东南大学建筑学院院长、教授韩冬青演讲

图8 设计教育学术研讨会

图7 清华大学美术学院教授郑曙旸演讲

图9 院校交流与作品发表

图10 颁奖典礼

2015《中国建筑教育》·"清润奖"大学生论文竞赛

获奖名单公布

颁奖典礼于 2015 年 11 月 7 日在昆明理工大学红土会堂进行

编者按：在全国高等学校建筑学专业指导委员会的指导与支持下，《中国建筑教育》"清润奖"大学生论文竞赛于 2014 年由《中国建筑教育》发起，由编辑部、专指委、中国建筑工业出版社、北京清润国际建筑设计研究有限公司共同主办；今年的联合承办单位为深圳大学建筑与城市规划学院。

大学生论文竞赛辐射所有在校大学生，涵盖三大学科及各个专业，目的是促进全国各建筑院系的思想交流，提高各阶段在校学生的学术研究水平和论文写作能力，激发学生的学习热情和竞争意识，鼓励优秀的、有学术研究能力的建筑后备人才的培养。通过两年竞赛的举办，我们认为基本达到了这一预定初衷，取得了较好的成效。

今年论文竞赛主题为"绿色建筑"，再次得到各院校的大力支持和学生们的积极响应。截至 2015 年 9 月 21 日收稿时间，此次竞赛我们共收到稿件 205 篇（有效稿件 201 篇，其中本科组 74 篇，硕博组 127 篇），涵盖中国内陆 61 所院校，以及来自中国台湾地区（4 篇）和国际院校（美国宾夕法尼亚大学 1 篇）学生的多篇投稿。

论文竞赛的评选遵循公平、公开和公正的原则，设评审委员会。竞赛评审通过初审、复审、终审、奖励四个阶段进行。今年的评委由老八校的院长以及主办单位的相关负责人等 13 位专家承担。初审由《中国建筑教育》编辑部进行资格审查；复审和终审主要通过网上评审与线下评审结合进行。全过程为匿名审稿。

2015 年 11 月 7 日，"2015《中国建筑教育》·'清润奖'大学生论文竞赛"在全国高等学校建筑学专业院长系主任大会上，完成了颁奖仪式。颁奖仪式由"专指委"副主任、天津大学建筑学院院长张颀主持，中国建筑工业出版社王莉慧副总编辑致颁奖辞，中国建筑工业出版社咸大庆总编辑、王莉慧副总编辑、期刊中心李东主任（《中国建筑教育》执行主编），以及"专指委"主任王建国、"专指委"副主任朱文一、北京清润国际建筑设计研究有限公司总经理马树新、昆明理工大学建筑与城市规划学院院长翟辉和杨大禹等学院领导，分别为获奖学生颁奖。

2015 年，论文竞赛本科组和硕博组各评选出一等奖 1 名、二等奖 3 名、三等奖 5 名，以及优秀奖若干名（本科组 15 名，硕博组 17 名），共 50 篇论文获得表彰。其中，本科组一等奖由天津大学葛康宁、杨慧两位同学获得，硕博组一等奖由台湾地区淡江大学徐玉 同学获得。这些论文涉及 27 所院校，共 67 名学生获得奖励。获奖证书由学生所在院校老师上台代表获奖学生领奖。奖金发放工作已于会后由《中国建筑教育》编辑部协同北京清润国际建筑设计研究有限公司执行。同时，在参赛院校中评选出组织奖 3 名，获奖院校分别为：昆明理工大学建筑与城市规划学院；西安建筑科技大学建筑学院；南京大学建筑与城市规划学院。

今年的获奖文章，我们拟在下一册《中国建筑教育》上择优发表。同时，优秀获奖论文将由评审委员、论文指导老师、参赛作者分别进行点评后，拟两年为一辑由中国建筑工业出版社结集出版。以上出版工作还在依序准备之中，希望我们在论文竞赛方面的努力，未来可以对本科和硕士阶段学术论文的写作与教学方面有所助益。

图 1　颁奖现场——昆明理工大学红土会堂

图 2　建工社王莉慧副总编为论文竞赛颁奖致辞

图 3　王建国院士、咸大庆总编、李东主编为 3 名组织奖院校颁奖

图4 咸大庆总编为本科组一等奖颁奖

图5 张顾教授、杨大禹教授、王莉慧副总编为本科组二等奖颁奖

图6 李东主编、马树新总经理、杨毅教授为本科组三等奖颁奖

本科组获奖名单

获奖情况	论文题目	学生姓名	所在院校	指导老师
一等奖	乡村国小何处去？区域自足——少子高龄化背景下台湾乡村国小的绿色重构	葛康宁；杨慧	天津大学建筑学院	光建（淡江大学）；张昕楠（天津大学）
二等奖	边缘城市的发展与设计策略：南崁	蔡俊昌	淡江大学建筑系	瑞茂
二等奖	黄土台原地坑窑居的生态价值研究——以三原县柏社村地坑院为例	李强	西安建筑科技大学建筑学院	石媛；李岳岩
二等奖	当社区遇上生鲜O2O——以汉口原租界区为例探索社区"微"菜场的可行性	刘浩博；杨一萌	华中科技大学建筑与城市规划学院	彭雷
三等奖	城市中心区不同类型开放空间微气候环境的对比认知	张馨元；张逸凡	南京大学建筑与城市规划学院	童滋雨
三等奖	灰空间在绿色建筑中的优越性探讨	张轩于；黄梦雨	西安科技大学建筑与土木工程学院	郑鑫
三等奖	霜鬓尽容从容——基于"积极老龄化"理念下的苏州传统街坊社区公共空间适老化研究	黄蓉	苏州科技学院建筑与城市规划学院	杨新海
三等奖	生态城市：从基础建设到城市生活	王諨揚	淡江大学建筑系	瑞茂
三等奖	建筑生命——仿生的绿色设计方法	李策	东南大学建筑学院	李飚
优秀奖	在可持续发展视野下的临港新城海绵城市关键格局设计研究	宋易凡	上海海洋大学水产与生命学院	方淑波
优秀奖	关于提高市民对生态葬选择度的相关建议	方彬；陈碧娇	合肥工业大学建筑与艺术学院	顾大治
优秀奖	具有教学功能的校园绿色建筑——寓教于学	张鹏	西北工业大学力学与土木建筑学院	刘煜；吴农
优秀奖	对"纸建筑"发展的思考	宁汇霖；任路阳	西安科技大学建筑与土木工程学院	郑鑫
优秀奖	苏州古城区控保建筑的绿色改造研究	闫靖宇；赵萍萍	苏州大学金螳螂建筑学院	余亮
优秀奖	"互联网＋"背景下我国未来绿色住宅建筑发展的探讨	王艳；刘晓彤	山东科技大学土木工程与建筑学院	冯巍
优秀奖	"穹顶之下"的绿色建筑	白靖渊；王文超	烟台大学建筑学院	贾志林；于英
优秀奖	绿色民居在设计上的综合效益分析	胡皓捷；胡皓磊	南京大学建筑与城市规划学院；东南大学土木工程学院	—
优秀奖	苏州古民居的绿色复兴——新型邻里单元构建（以天官坊7号院为例）	赵萍萍；闫靖宇	苏州大学金螳螂建筑学院	孙磊
优秀奖	基于古代建筑的绿色理念对未来绿色建筑发展的几点思考	李小蛟；董文亚	东北石油大学土木建筑工程学院	孙志敏
优秀奖	基于模式语言的绿色建筑设计方法浅析	陈向铭；邓万成	大连大学建筑工程学院	李汀蕾
优秀奖	建筑学专业本科生绿色设计理念培养策略研究	于家宁；郭雪婷	沈阳建筑大学建筑与规划学院	张圆
优秀奖	冬冷夏热地区的集合住宅的探索与应用——以苏州地区为例	顾怡欢	苏州大学金螳螂建筑学院	余亮
优秀奖	中国传统民居的"绿色建筑"设计内涵探析	佟欣馨	西南交通大学建筑与设计学院	何晓川
优秀奖	绿色建筑语言的开创与发展——基于建筑基本问题的浅谈	王展；杨明珠	烟台大学建筑学院	—

图7 王建国院士为硕博组一等奖颁奖

图8 朱文一教授、王莉慧副总编、马树新总经理为硕博组二等奖颁奖

图9 翟辉教授为硕博组三等奖颁奖

硕博组获奖名单

获奖情况	论文题目	学生姓名	所在院校	指导老师
一等奖	台湾绿建筑实践的批判性观察	徐玉姈	淡江大学土木工程学系	黄茂瑞；郑晃二
二等奖	应对高密度城市风环境议题的建筑立面开口方式研究——以上海、新加坡为例	朱丹	同济大学建筑与城市规划学院	宋德萱
二等奖	基于BIM的绿色农宅原型设计方法与模拟校核探究——以福建南安生态农业园区农宅原型设计为例	孙旭阳	天津大学建筑学院	汪丽君
二等奖	基于实测和计算机模拟分析的南京某高校体育馆室内环境性能改善研究	傅强	南京工业大学建筑学院	胡振宇
三等奖	走向模块化设计的绿色建筑	高青	东南大学建筑学院	杨维菊
三等奖	绿色建筑协同设计体系研究	周伊利	同济大学建筑与城市规划学院	宋德萱
三等奖	绿色建筑学——走向一种开放的建筑学体系	王斌	同济大学建筑与城市规划学院	王骏阳
三等奖	中国大陆与台湾地区绿色建筑评价系统终端评价指标定量化赋值方式比较研究	张翔	重庆大学建筑城规学院	王雪松
三等奖	基于文脉与可持续生态的国际绿色建筑设计竞赛获奖作品评析	杜娅薇	武汉大学城市设计学院	童乔慧；黄凌江
优秀奖	工业建筑的地域性绿色改造探析——以苏州工业园区星海街9号工业厂房改造项目为例	刘莹	南京大学建筑与城市规划学院	张雷
优秀奖	兔儿干村聚落设计——青海地区小型村落的绿色设计研究	孙佳敏	清华大学建筑学院	林波荣
优秀奖	基于气候分区和建筑类型判定适用被动节能技术的方法及反思	赵正楠	同济大学建筑与城市规划学院	宋德萱；谭洪卫
优秀奖	方案阶段的绿色建筑设计方法刍议	吕帅	清华大学建筑学院	徐卫国；燕翔
优秀奖	ECO-HOUSE试验楼节能理念与健康关系及其启示	池方爱	浙江农林大学风景园林与建筑学院	黄炜
优秀奖	怒江流域传统民居冬季室内热环境测试与分析	杨青青	昆明理工大学建筑与城市规划学院	谭良斌
优秀奖	西北贫困地区乡村规划低碳路径研究——以甘肃省岷县梅川镇为例	刘慧敏	西安建筑科技大学建筑学院	段德罡
优秀奖	对城市住区绿化的微气候分析	刘海萍	同济大学建筑与城市规划学院	宋德萱
优秀奖	绿色建构——探索乡土建筑中生态体系的古为今用	刘琪婧	深圳大学建筑与城市规划学院	仲德
优秀奖	传承与发展——基于气候适应性的竞赛作品屋顶设计研究	陈莉莉	武汉大学城市设计学院	张翰卿
优秀奖	金溪古村落群选址布局与气候适应性关联研究	韩棋	武汉大学城市设计学院	黄凌江
优秀奖	基于规划路网形态的交通噪声空间分布比较——以中国大连市的典型片区为例	潘宁；安航	大连理工大学建筑与艺术学院	路晓东
优秀奖	恢复生态学主导下的工业遗产可持续再利用——以南京工业遗产"下关电厂"保护与再利用规划研究为例	诸嘉巍；祝颖盈	东南大学建筑学院	阳建强；邵甬
优秀奖	云南地区主要城市绿色建筑被动式设计策略分析	全瑶	昆明理工大学建筑与城市规划学院	谭良斌
优秀奖	从线性到多维：试论绿色建筑发展史	杨玉锦	南京大学建筑与城市规划学院	傅筱
优秀奖	建造语境下3D打印建筑技术绿色应用瓶颈及价值思考	章国琴	东南大学建筑学院	—
优秀奖	能量的建构——风热环境调控对于传统建构学的挑战	陈晓	东南大学建筑学院	史永高

《中国建筑教育》2016·专栏预告及征稿

《中国建筑教育》由全国高等学校建筑学学科专业指导委员会，全国高等学校建筑学专业教育评估委员会，中国建筑学会和中国建筑工业出版社联合主编，是教育部学位中心在 2012 年第三轮全国学科评估中发布的 20 本建筑类认证期刊（连续出版物）之一，主要针对建筑学、城市规划、风景园林、艺术设计等建筑相关学科及专业的教育问题进行探讨与交流。

《中国建筑教育》每期固定开辟"专题"栏目——每期设定核心话题,针对相关建筑学教学主题、有影响的学术活动、专指委组织的竞赛、社会性事件等制作组织专题性稿件，呈现新思想与新形式的教育与学习前沿课题。

2016 年，《中国建筑教育》主要专栏计划安排如下（出版先后顺序视实际情况调整）：

1．专栏"**建筑类学术论文的选题与写作**"（截稿日期：2016.05.31）
2．专栏"**建筑／城规／风景园林历史与理论教学研究**"（截稿日期：2016.05.31）
3．专栏"**建造中的材料与技术教学研究**"（截稿日期：2016.07.31）
4．专栏"**城市设计教学研究**"（截稿日期：2016.07.31）
5．专栏"**数字化建筑设计教学研究**"（截稿日期：2016.09.30）
6．专栏"**乡村聚落改造与历史区域更新实践与教学研究**"（截稿日期：2016.09.30）

《中国建筑教育》其他常设栏目有:建筑设计研究与教学、建筑构造与技术教学研究、联合教学、域外视野、众议、建筑教育笔记、书评、教学问答、名师素描、建筑作品、作业点评等。以上栏目长期欢迎投稿!

《中国建筑教育》来稿须知

1．来稿务求主题明确，观点新颖，论据可靠，数据准确，语言精练、生动、可读性强，稿件字数一般在 3000-8000 字左右（特殊稿件可适当放宽），"众议"栏目文稿字数一般在 1500-2500 字左右（可适当放宽）。文稿请通过电子邮件（Word 文档附件）发送，请发送到电子信箱 2822667140@qq.com。

2．所有文稿请附中、英文文题，中、英文摘要（中文摘要的字数控制在 200 字内，英文摘要的字符数控制在 600 字符以内）和关键词（8 个之内），并注明作者单位及职务、职称、地址、邮政编码、联系电话、电子信箱等（请务必填写可方便收到样刊的地址）；文末请附每位作者近照一张（黑白、彩色均可，以头像清晰为准，见刊后约一寸大小）。

3．文章中要求图片清晰、色彩饱和，尺寸一般不小于 10cm×10cm；线条图一般以 A4 幅面为适宜，墨迹浓淡均匀；图片（表格）电子文件分辨率不小于 300dpi，并单独存放，以保证印刷效果；文章中量单位请按照国家标准采用，法定计量单位使用准确。如长度单位：毫米、厘米、米、公里等，应采用 mm、cm、m、km 等；面积单位：平方公里、公顷等应采用 km^2、hm^2 等表示。

4．文稿参考文献著录项目按照 GB7714-87 要求格式编排顺序，即：

（1）期刊：全部作者姓名．书名．文题．刊名．年．卷（期）：起止页

（2）著（译）作：全部作者姓名．书名．全部译者姓名．出版城市：出版社，出版年．

（3）凡引用的参考文献一律按照尾注的方式标注在文稿的正文之后。

5．文稿中请将参考文献与注释加以区分，即：

（1）参考文献是作者撰写文章时所参考的已公开发表的文献书目，在文章内无需加注上脚标，一律按照尾注的方式标注在文稿的正文之后，并用数字加方括号表示，如 [1]，[2]，[3]，…。

（2）注释主要包括释义性注释和引文注释。释义性注释是对文章正文中某一特定内容的进一步解释或补充说明；引文注释包括各种引用文献的原文摘录，要详细注明节略原文;两种注释均需在文章内相应位置按照先后顺序加注上标标注如 [1]，[2]，[3]，…，注释内容一律按照尾注的方式标注在文稿的正文之后，并用数字加方括号表示，如 [1]，[2]，[3]，…，与文中相对应。

6．文稿中所引用图片的来源一律按照尾注的方式标注在注释与参考文献之后．并用图 1，图 2，图 3…的形式按照先后顺序列出，与文中图片序号相对应。